EUREKA

100 invenzioni che hanno
cambiato la nostra vita

哇，找到啦！

改变人类生活的100项发明

〔意〕 Antonio Cianci **著**

王亦庄 **译**

U0227466

科学技术文献出版社

SCIENTIFIC AND TECHNICAL DOCUMENTATION PRESS

·北京·

图书在版编目（CIP）数据

哇，找到啦！：改变人类生活的100项发明 /（意）强奇（Cianci, A.）著；王亦庄译. —北京：科学技术文献出版社，2014.2
ISBN 978-7-5023-8551-4

Ⅰ.①哇… Ⅱ.①强… ②王… Ⅲ.①创造发明—世界—普及读物 Ⅳ.①N19-49

中国版本图书馆 CIP 数据核字（2014）第 000420 号

著作权合同登记号 图字：01-2013-4751

EUREKA! 100 invenzioni che hanno cambiato la nostra vita

Antonio Cianci

Copyright © Istituto Geografico De Agostini, Novara 2010

This edition arranged with Istituto Geografico De Agostini through BIG APPLE AGENCY, INC., LABUAN, MALAYSIA.

Simplified Chinese characters copyright © 2014 by Scientific and Technical Documentation Press

哇，找到啦！：改变人类生活的100项发明

策划编辑：马永红　　　责任编辑：马永红　　　责任校对：张吲哚　　　责任出版：张志平

出　版　者　科学技术文献出版社
地　　　址　北京市复兴路15号　　邮编　100038
编　务　部　(010) 58882938，58882087（传真）
发　行　部　(010) 58882868，58882874（传真）
邮　购　部　(010) 58882873
官方网址　http://www.stdp.com.cn
发　行　者　科学技术文献出版社发行　全国各地新华书店经销
印　刷　者　北京金其乐彩色印刷有限公司
版　　　次　2014 年 2 月第 1 版　2014 年 2 月第 1 次印刷
开　　　本　710×1000　1/16
字　　　数　163千
印　　　张　13.25
书　　　号　ISBN 978-7-5023-8551-4
定　　　价　29.80元

EUREKA!
100 invenzioni che hanno cambiato la nostra vita

出版者序
Foreword

EUREKA，是希腊语，意思是"我发现了！我想到了！"。这是古希腊学者阿基米德根据比重原理测出希腊国王王冠所含黄金的纯度时所发出的惊叹语，后来用于因重要发明而发出的惊叹。

相传古希腊国王让工匠制造了一顶金王冠，但他怀疑工匠偷了他的金子。于是，他请来阿基米德鉴定，条件是不许弄坏王冠。当时，人们并不知道不同的物质有不同的比重，阿基米德冥思苦想了很久，也没有好办法。一天，他刚躺进盛满水的浴缸时，水便溢了出来，而他则感到身体在微微上浮。由此他想到：溢出来的水的体积应该正好等于身体的体积，这意味着不规则物体的体积可以被精确地计算。想到这里，阿基米德高兴地从浴缸里跳出来，一丝不挂地大喊："EUREKA！EUREKA！"

关于阿基米德故事的真实性，如今已无法考证，但EUREKA一词却使用至今。

一个偶然的机会，我们认识了本书的作者Antonio Cianci，并了解了他写这本书的缘由。本书的面世源于作者的小女儿关于拉链的发明者的提问，小小的问题难倒了博学的父亲。由此，作者开始满腔热情地在图书馆挖掘生活中那些小发明背后的故事，最后汇集成书。Antonio Cianci是意大利公共管理与革新部顾问，常年来往于中国与意大利之间，促进了中意间的科技文化交流。本书中文简体版的出版，也得益于Antonio Cianci的支持和帮助，在此表示衷心的感谢。

本书让我们见证了创造力的不朽与神奇，让我们了解了发明者的艰辛与毅力，它带领我们走近一个个平凡的小人物及其平凡却伟大的创意。这些创意改变了我们的生活，带我们走进了科学知识的大门。

前　言
Preface

　　当我们手握某件东西时，常认为它理所当然地存在着。我们忽略的是，从产品的创意、制成实物到成功打入市场，这背后藏有多少人的天分、热情与毅力，才有了我们面前的这些小玩意。

　　本书是EUREKA系列的第二册。几年前女儿问我拉链的发明者是谁（答案在第一册《哦，有了》中），于是我开始探寻生活中小发明背后的故事并集结成这两本书。从那时开始，我便萌生了一股热情，想要发掘出创造了这个现代世界的发明者的故事。尽管他们的名字现在已经成为耳熟能详的商标，比如雀巢和西门子；或者被列入常用名词表，如布鲁格拉（意大利语"六角匙"音译）和三明治（英语音译），但他们本人却往往默默无闻。有时候，发明者的姓名已难以查证，只留下他们广受欢迎的创造，比如尼龙（尼龙是发明者妻子姓名的首字母简写）。

　　研究发明者的生平令人着迷，我发现对他们来说，创造的热情与毅力和天赋相比同样重要。尽管他们的情况各不相同，但都有一个共同点：在困难面前不退缩，也不畏惧朋友与同伴的质疑。他们让我们的生活更加便利，他们的精神更值得我们学习。

　　本书讲述100个发明及其发明者的小故事。谨以此书献给所有发明家及其付出的辛勤与努力。

Antonio Croci

目 录
Contents

EUREKA

哇，找到啦！

改变人类生活的100项发明

改变人类生活
的
100项发明

苏打水

约瑟夫 · 普利斯特里（Joseph Priestley）　　　　　　　1733－1804

1766　约瑟夫 · 普利斯特里结识了班杰明 · 富兰克林，并受其鼓励开始物理和化学研究。

1768　通过对啤酒发酵过程中所产生气体的研究，普利斯特里发明了苏打水。

1774　他和卡尔 · 舍勒在同时期分离出了氧气和氨气。

　　约瑟夫 · 普利斯特里是英国18世纪最重要的哲学家和科学家之一。他天资聪颖，很小就投身于宗教，之后投身于科学研究。他做过牧师和教师，却经常因其非正常的宗教信仰备受歧视，这迫使他后来不得不背井离乡远赴美国。此外，普利斯特里还对历史和外语学习充满了热情。

　　1766年，普利斯特里结识了班杰明 · 富兰克林。两人的相遇，激发了他对物理和化学的兴趣。于是，普利斯特里将注意力转而集中在电气现象上，并于1767年出版了一本长达700页的关于电气历史的书，因此被授予英国最权威的科学机构——英国皇家学会会员的称号。那时，他生活在利兹的一家啤酒厂附近，在此期间，他潜心研究气体，开始了一系列和啤酒发酵相关的实验。

　　啤酒厂的工人早就知道，啤酒发酵过程中产生的被称为"固气"的气体能让靠近啤酒发酵桶周围的老鼠丧命。1768年，在一次实验中，普利斯特里在一个啤酒发酵桶上放了一壶水，水吸收了这些气体，还产生了气泡。他好奇得试着喝了一口，发现味道好极了。那种口感让他想起在当时被认为有疗效的天然苏打水。这种水所含的"固气"——也就是二氧化碳——不仅无害，而且口感轻盈，刺激人的味蕾带来快感。普利斯特里开始将这种苏打水送给朋友们。

1772年，英国公布了普利斯特里的实验结果，要求追回苏打水的专利权，因为他们认为瑞士物理学家托尔本·伯格曼找到的是另一种生产二氧化碳汽水的方法。在接下来的几年里，普利斯特里继续进行他的探索之路，并成功分离了氧气和氨气——这与伯格曼的学生卡尔·舍勒是同时完成的；他推进了关于燃烧原理的研究；值得一提的是，他后来还发现了植物能够转换二氧化碳和氧气，因而有助于净化空气。

芬达

马克思·肯斯 (Max Keith)
埃尔梅里诺·马塔拉左 (Ermellino Matarazzo)

生卒年不详
1918 —

1940 马克思·肯斯因为在纳粹政府的税率制裁下无法生产可口可乐，转而发明了一种新的饮料——芬达。

1955 埃尔梅里诺·马塔拉左，意大利可口可乐公司的装罐员，在那不勒斯发明了含橙汁的芬达饮料。

1960 可口可乐公司收购了芬达商标。

在第二次世界大战期间，可口可乐公司德国分部被大西洋总部和其他各方孤立，饮料生产被迫停止。由于缺少主要配料，装罐员马克思·肯斯担心工厂可能会关闭，于是，他想自己发明一种新饮料以提醒可口可乐公司他们这家分厂的存在。战时国家物资紧缺，他手头只有糖精、苹果纤维、乳清、苹果酒和奶酪的残余物这几样配料可以用来实现他的想法。当员工们聚在一起为新饮料想名字时，肯斯说要想调出好味道，需要发挥丰富的想象力。这时公司的一个销售员乔·克尼普提议就用"芬达"这个名字，这个词正是"幻想"一词在外文里的谐音（Fanta-fantasia），大家立刻一致通过。

最开始，无论是包装还是口味，芬达都和现在不一样。那时芬达是黄色的，味道则根据肯斯能找到的原料而不断变化。最后，肯斯成功了，解决了上千人的就业问题。美国可口可乐公司对此持怀疑态度。随后，肯斯便遭指控称他与纳粹合作。直到战后，他遭到的控诉才撤销。

不过，如今闻名全世界的第一罐芬达于1955年在那不勒斯诞生，发明者是意大利可口可乐公司的装罐员埃尔梅里诺·马塔拉左。他的工厂SNIBEC最先开始生产柳橙味的汽水，采用的是他与好友——一位拥有柑橘园的西西里伯爵夫人共同研制的专利配方。

芬达橙味汽水在当时立即风靡全球。五年后，可口可乐公司收购了芬达商标，并完善其配方。接着，继芬达后出现了另一种广受欢迎的饮料——柠檬汽水。这种饮料在德国被称为芬达清新柠檬味汽水。1961年另一种新饮料"雪碧"问世了，它的对手是美国的"七喜"。自那之后，消费者的选择多了起来，芬达销售70多种口味的汽水，但是其中一些只在某些国家上市。

塑料瓶

纳塔尼尔·万斯 (Nathaniel Wyeth)

1967　万斯开始研究一种能够代替玻璃来装汽水的新材料。

1973　在几千次实验后，万斯发现了PET（聚对苯二甲酸乙二醇酯）。

1977　第一代PET瓶被回收。

　　纳塔尼尔·万斯出生于美国的一个艺术世家，但他很小的时候就在一个特别的领域展露了与众不同的天赋——工程学。博士毕业之后，才25岁的他就被世界上研究新型材料类最著名的公司之——杜邦招入麾下。在他的职业生涯里，万斯可能会同时进行二十几项发明工作，由于每项工作都需要长时间的投入，有时他贡献的只是一些想法。

　　历史总是相似的，万斯的成功也并非偶然。他的目标是寻找新材料，要求是既能够承受汽水压力，又能够代替沉重、昂贵又易碎的玻璃。他于1967年开始这项研究，先从一些已为人熟知的材料入手。他首先检测了装满苏打水时塑料瓶子的密封性，但是那些瓶子并不能承受住压力。因此，他觉得必须要研制一种新型的材料。

　　经验告诉万斯，一些塑料纤维在其分子交织和叠加的情况下变得更加坚韧。于是，他循着这条思路展开了一系列实验。有一次，当他用一个成型模具使尼龙纤维和塑料熔物相融时，受到一阵气流影响塑造出了一个瓶子的模型。就这样，在尝试了数千次失败后，万斯意识到必须找到一种材料来代替尼龙。他首先想到了聚乙烯，但是很快就发觉添加一些弹性涤纶（聚对苯二甲酸乙二醇酯，即现在塑料瓶身上印有的PET），就能得到一种透明、轻巧且成本低廉的瓶子，这种材料还可循环使用。

　　1973年，万斯为这项研究成果申请专利，很快得到了批准。至于环保问题，在当时还没有像今天这么受到公众关注。不过从1977年开始，由万斯设计的PET瓶子就已经成为可循环材料的先驱。

特百惠

伊尔·希拉斯·特百 (Earl Silas Tupper)　　　　　　　　1907－1983

1944　伊尔·希拉斯·特百决定生产一种不漏水、不漏气的密封食品容器。

1951　由于销售市场的不景气，公司的市场营销顾问布朗尼·惠思女士想出
　　　了一个推销产品的好点子——特百惠家庭派对。

1961　家庭派对的销售理念帮助特百惠在美国成功打开了销路，之后又进军
　　　欧洲市场，同样表现不俗。

　　1938年，伊尔·希拉斯·特百先生决定建立一家生产塑料制品的企业——伊尔·S.特百公司。一开始，他与上游厂商杜邦公司合作，专门生产一些军用设备。第二次世界大战结束后，美国科学家们开始致力于将军用材料投入日用百货市场。

　　1944年，随着冰箱和冷冻柜在普通家庭的普及，形成了储存食物的新需求，由此特百又想出了一个天才的主意：为食物设计一种密封性能好的保鲜容器。基于自己的一些化学知识，他决定利用聚乙烯这种在当时不为人知的材料。可是这种材料不仅发黏，还有一股怪味，这样很难吸引消费者。于是，特白先生努力尝试让它变得纯净而透明。多次试验之后，成果斐然。史上第一个圆形带盖的食品保鲜容器诞生了，它隔水、隔空气，具有完美的密封性。

　　一开始，大众对这种容器持怀疑态度，在很多大型市场，特百惠的"神奇圆碗"（wonderbowls）虽然吸引到许多关注，却还是卖不出去。直到1951年，特百惠公司的市场营销顾问布朗尼·惠思女士想出了一个销售产品的好方法：不经过传统经销商去销售产品，而是借助家庭主妇的力

量，她们可以通过家庭展示会来向好友们介绍产品，迅速打开销路。这个营销方案一经提出就大受美国主妇们的欢迎，她们踊跃报名，想在战后经济复苏期间发挥自己的价值。特百惠家庭派对的销售模式之所以能立即扩张开来，还因为公司对精明能干的销售主妇们给予特别奖励。家庭派对以一个小型聚会的形式进行，女主人在家里向客人们展示特百惠公司的"神奇圆碗"，以及公司其他产品，当然特百惠公司也会派推销员在场辅助。特百惠主妇的推销活动就这样如火如荼地在全世界流行开来，甚至被拍成了一部电影。如今，特百惠已发展成为一家大规模的跨国公司，在美国纽约证券交易所挂牌上市，并在全世界100多个国家设有分部。

平底不粘锅

马克·格雷戈尔（Marc Grégoire）　　　　　　　　　　　生卒年不详

1938　罗伊·普伦凯特发现了聚四氟乙烯（或者叫铁氟龙，一种低摩擦系数的材料）。

1954　马克·格雷戈尔在妻子克雷特的建议下，在平底锅上涂了一层铁氟龙：平底不粘锅就此诞生。

1961　格雷戈尔平底锅进军美国市场：获得巨大成功。

在第二次世界大战之后的几年里，法国工程师马克·格雷戈尔一直在探索利用新型材料铁氟龙的新途径。这种低摩擦系数的材料由罗伊·普伦凯特于1938年偶尔发现。

普伦凯特是杜邦公司的技术人员，那时候他负责生产气体四氟乙烯。一天晚上，在调配好生产所需的一种气体后，他整夜都没有再处理这些气体。第二天早晨，他发现气体已经变成了一种呈蜡状的光滑物质。就这样，聚四氟乙烯诞生了，后被命名为铁氟龙，这种固体润滑剂是火枪管内壁涂层的不二之选，因为它能明显减少弹丸摩擦。

对格雷戈尔来说，找到铁氟龙新的运用方法是他的使命。他的妻子克雷特很讨厌每次晚饭后都要铲下留在平底锅上的黏着物，她看丈夫整天埋头做研究却鲜有进展，便调侃道，说不定把铁氟龙涂在平底锅上会是个不错的主意。克雷特没想到她随口说的玩笑话日后竟成了家庭主妇们的福音。格雷戈尔尽管对妻子的挖苦很生气，但仔细考虑这个无心的建议后，觉得可以试试将铁氟龙涂在锅底，以避免烹饪过程中食物粘在锅上。于是他设计了一套方案，将这种新型材料和铝材相结合，就这样发明了史上第一个平底不粘锅。

　　看到自己的创意可行之后，格雷戈尔决定去申请专利，并开始批量生产和销售不粘锅。随后，他在1956年成立了自己的公司——特福（Tefal），这个名字是铁氟龙（Teflon）和铝（Alluminio）两个词缩写的组合。1958年，将铁氟龙应用于烹饪器具的申请得到法国农业部的批准之后，市场前景一片光明。同年，特福的销售量超过百万，同时美国市场的大门也向其敞开。格雷戈尔在一次派对中认识了一个叫托马斯·哈尔迪的美国人，这个美国人劝说他越洋销售这款产品。虽然并没有十分的把握，但他想不妨一试。随后，在1961年，某本杂志上刊出了一张照片——一位富有而著名的美国女士正在梅西商店里选购不起眼的平底不粘锅。此后，特福不粘锅很快在美国市场上供不应求，并在开售仅一个月后，销量就突破了百万。

烤面包机

查尔斯·斯特里特　(Charles Strite)　　　　　　　　　1878—1956

19世纪末　第一代电烤面包机首次亮相。

1919　查尔斯·斯特里特研制出一种新型的烤面包机，带有定时器和弹簧。

1926　斯特里特在机器上增加了一个操纵杆，用来控制烤面包片的温度。

面包一直在我们的日常饮食中占有很重要的地位。其实，烤面包的食用方法早在古罗马时期就很流行了，那时的烤法五花八门，但并不是每一种都很方便实用。第一次世界大战期间，在明尼苏达州查尔斯·斯特里特工作的一家工厂餐厅里，人们仍在使用一种很原始的烤面包法：将面包切片放在烤架上，直接用火烤。烤得成功与否很大程度上取决于厨师操作的熟练程度和是否专心。事实上，被送到餐桌上的面包几乎总是烤焦的。为此，斯特里特决定寻找一个有效的解决方法。

最早的电烤面包机在19世纪末就出现在市面上了，这种机器利用镍-铬合金良好的热耐受力来加热面包。但当时并非每家每户都通电，并且使用这种机器时还需要有人在旁边等着烤制完成，就跟烤架一样。1919年，斯特里特设计了一个烤面包机模型，他沿用旧式面包机的主要构造，但增加了一个小定时器。设定的时间一到，机器就会自动断电，接着内置弹簧会将将面包片推出来。

1919年，斯特里特为自己的设计申请专利，但直到1921年才拿到专利证书。从那时起，他集资成立了一家公司，开始生产和销售该机器。"面包博士"一开始只向餐馆和食堂出售。从1926年起，这种新型烤面包机才逐渐走进普通家庭。后来，斯特里特又在机器上增加了一个重要的小零件：一个可以选择烘烤温度的小操纵杆。这种面包机的新性能、时髦的外观以及电网的普及为其设在明尼苏达州的前工厂带来了大批订单。到了公司成立的第三十个年头，面包机的销量以每年百万台的速度增长，同年公司更名为"面包博士公司"。这种小小的烤面包机在短时间内就成为美国人普及率最高的小家电。

电动搅拌器

切斯特·比奇 (Chester Beach)   生卒年不详

1904　切斯特·比奇是一名机械师，受聘于美国威斯康辛州拉辛市的标准电
　　　气工程公司。

1910　比奇、路易斯·汉米尔顿和弗雷德里克·欧休斯一起创建了汉米尔
　　　顿·比奇制造公司。

1911　比奇和汉米尔顿共同申请他们首创的电动搅拌器的专利。

　　许多菜肴都需要各种调味汁作为辅料，长时间以来人们都用手将不同
食材混合、搅拌以获取酱汁，这耗费了大量的时间和精力。

　　切斯特·比奇是一个对机械充满热情的年轻人，他一直在一家农场工
作。直到1904年，他终于被一家公司录用为技术人员，那家公司就是美国
威斯康辛州拉辛市标准电气工程公司。和他一起被聘用的还有路易斯·汉
米尔顿，他以前是一名公共设施管理员，负责看管汽艇。

　　史上第一台家用电器是一台帮助人放松肌肉的按摩机，配有电力
发动机。这种机器发明于20世纪初，刚一上市就备受欢迎。比奇的第
一项工作就是研发一种通用电力发动机，要求既可以高速运转又很轻
便。他的工作成果是一台每分钟7200转的发动机。他确信这种发电机
可以应用在很多领域。果然，拉辛市很快就成为全世界小型家电的生
产中心。

　　路易斯·汉米尔顿、切斯特·比奇和标准电气工程公司的另一位股
东弗雷德里克·欧休斯一起成立了汉米尔顿·比奇制造公司，公司总部
也设在拉辛市，并由比奇担任生产总监。新公司受到了标准电气贸易方

面的支持。继"奶昔"潮流之后，比奇和汉米尔顿生产了人类历史上第一台搅拌器，配备有比奇发明的电动机，并于1911年成功获得了专利权。之后，这台机器经历了无数次改良，最终在 20世纪30年代成为美国人厨房里的必需品。

旋转开瓶器

塞缪尔·亨歇尔 (Samuel Henshall)   1765 − 1807

17世纪　人们开始使用玻璃瓶来保存葡萄酒。

1795　塞缪尔·亨歇尔取得了旋转开瓶器的专利。

1880　威廉姆·布尔顿·贝克取得了双翼开瓶器的专利。

　　15世纪末时，人们还在用酒坛或木桶保存葡萄酒，用餐时才倒入瓶子端上餐桌。12世纪，被称为"玻璃艺术天堂"的威尼斯出现了首批由玻璃吹制的滗（一种上小下大的壶型液体容器）。人们用一个裹着布的木塞子封住滗口，但这种方法只能短时间地保存葡萄酒。

　　有些人认为最先发明开瓶器的应该是莱昂纳多·达·芬奇，他曾在1482 − 1499年担任卢多维科·伊尔·摩洛宫廷里的宴会筹办者。一直到17世纪，玻璃容器和蜡质瓶塞依然主要被用于储存香水和药品。

　　17世纪，玻璃制造工艺经历了一番改良后，市面上出现了一些细颈瓶，并从后半世纪起被广泛用于盛装苹果酒和啤酒。英国人是最早使用这种瓶子的。虽然他们非常喜欢喝葡萄酒，但由于产量不多因此大部分酒是从意大利、西班牙和葡萄牙进口的。路途漫漫，这种新的盛酒容器要比两耳细颈酒罐和酒桶要方便、实用得多，成为了盛酒的理想选择。英国人同时也从葡萄酒出口国进口配套的软木酒瓶塞。

　　随着酒瓶的普及，人们需要一种工具能够迅速而轻松地拔出软木塞，并且不在瓶里留下碎木渣。发明的灵感来源于一个完全不相关的领域：人们为取出嵌在前装式炮枪枪筒里的子弹而会用到的"T"形带螺旋丝和坚硬手柄的螺丝锥。

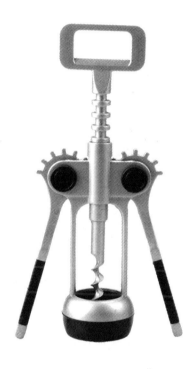

    1795年，第一个旋转开瓶器在英国申请到了发明专利，其所有者就是身为牧师的塞缪尔·亨歇尔。他设计的模型经过修改之后，最终成型的是用螺丝固定在手柄上的螺旋状金属锥，使用它可以避免在拔瓶塞时将瓶塞推进酒瓶里。1880年，又有人发明了另一种新型的双翼开瓶器，专利所有者同是来自英国的威廉姆·布尔顿·贝克，他是现在使用最广泛的开瓶器的发明者。从那时起，开瓶器大受欢迎，并一直受到收藏家和专利局的青睐。经记载，仅在19世纪就有350种新的开瓶器模型登记申请专利。

衣架

阿尔伯特·帕克豪斯（Albert Parkhouse）　　　　　　生卒年不详

1904　阿尔伯特·帕克豪斯发明了铁丝衣架。

1932　斯凯勒·休利特获得世界上第一个卡纸板衣架的专利。

1935　埃尔默·罗杰斯发明世界上第一个带横杆的裤架。

　　衣服的存放，尤其对女性来说总要多加注意：一是要避免衣服变形或起皱；二是为了美观，看到衣服整整齐齐地摆在衣柜里是一件很让人满足的事情。因此，我们最好的选择就是衣架，它们出现在地球上每一个有衣服需要挂起的地方。衣架和衣服一样，款式日新月异，仅从1900年到1906年就有约190种不同款式的衣架在美国申请发明专利。其中最具历史意义的是阿尔伯特·帕克豪斯设计的第一款铁丝衣架。

　　帕克豪斯是一名手工艺设计师，他曾在密西西比州为廷伯莱克·维尔和诺维尔特·迪·杰克逊从事灯罩设计工作。公司雇用设计师就是为了满足客户各种古怪的要求，因此他们必须与各种各样的客户打交道，并用一些简单实用的设计来满足客户的各种要求。

　　设计师工作室不是很大，因为衣架不够用，所以职员们常常不知道要把外套挂在哪里。一天早晨，和客人徒劳地讨论一番后疲惫不已的帕克豪斯突然有了灵感，他拿来一根在公司随处可见的铁丝，将它弯成人体肩膀的形状，在中间打了个结，并弯出一个钩子，然后用它挂起了大衣。他觉得这种设计虽然简陋，但它不仅能保持大衣的形状还能随处悬挂，很好地解决了衣架短缺的问题。

　　在接下来的几个星期里，帕克豪斯开始完善他的设计，而他的同事也开始研究衣架模型。这项发明于1904年1月申请到专利，并立即大受欢迎。1906年，著名的服装设计师迈耶·梅开始使用这种衣架来展示他设计的衣服。1932年，斯凯勒·休利特设计了另一种衣架，其上半部分装了一块纸板作支撑，以避免绳子拉扯到布料精细的纤维。这种衣架至今仍被许多干洗店使用。1935年，埃尔默·罗杰斯获得了历史上第一个裤架的发明专利。

领带

杰西·兰斯多夫（Jesse Langsdorf）　　　　　　　　　　生卒年不详

公元前259—前221　中国的士兵将一块方巾系在脖子上。

1618—1648　在"三十年战争"期间，克罗地亚雇用佣军将丝带打结系在脖子上。

1924　美国人杰西·兰斯多夫申请现代领带的发明专利。

　　将一块布料打结系在在脖子的习惯其实和人类文明一样悠久。早在古罗马时期，士兵们就开始使用一种原始的领带来保持卫生，以及演说家围上领带来保护声带。这种习惯在中国的古代帝王时期也曾经流行过，比如秦始皇兵马俑里的 7500 个士兵的脖子上都系着一块方巾。

　　在法国"三十年战争"年间，服务于法国的克罗地亚雇佣军将丝带打成一个特殊的结系在脖子上，现代的领带就是由这种丝带演变而来的。这种丝带是妻子、未婚妻或情人在临行前送给即将远征的士兵的浪漫礼物，他们将丝带系在脖子上以表达对爱人的忠诚。这种配饰很快就吸引了人们的注意力，尤其是巴黎的女人们还给它取名为"领带"（来自克罗地亚语 croato，意为克罗地亚人）。领带不仅在法国立即成为优雅、文明和资本主义的象征，而且在整个欧洲和美国殖民地的大部分区域都盛行开来。

　　尽管戴着很舒适，这种长领带的设计并不是很理想。它由丝绸或者棉布条简单制成，结要打得牢靠才不会散掉。为摘下领带得费很大功夫，往往这时布条已经变得很皱，长期使用，布条很容易就被撕破。

　　后来，美国一个裁缝杰西·兰斯多夫找到了补救这种不合理设计的方法，就此诞生了现代领带。为了使领带不变形，他将三块经过裁剪的布料

沿着对角线（与水平线成45°角）缝
合在一起，使领带富有弹性，解开结
后又能重新变回原来的样子。兰斯多
夫于1924年注册领带的发明专利，并
幸运地向世界上所有领带生产商售出
了专利使用权。直到现在，还有相当
一部分人在使用他设计的领带。

灯泡

托马斯·阿尔瓦·爱迪生 (Thomas Alva Edison)　　　　1847—1931

1875 托马斯·阿尔瓦·爱迪生购得了伍德沃德和埃文斯所有的灯泡专利。

1880 爱迪生申请了一项能够持续照明40小时的灯泡专利。

1883 爱迪生和来自英国的竞争者斯旺一起成立了爱迪生·斯旺联合电灯有限公司。

托马斯·阿尔瓦·爱迪生激励他的发明工作室及团队涌现更过的灵感和创意。于是，他于1875年购买了加拿大人亨利·伍德沃德和马太·埃文斯于一年前申请的电灯泡专利。

这个电灯泡还存在着当时所有白炽灯泡都有的问题：灯丝很快就会烧断，寿命太短，而且耗电量太大，照明效果却差强人意。爱迪生随即运用自己的经验和技术，希望能找到一种能代替现有灯丝的更加坚固的材料，使灯泡既能有效利用电能又能持久照明。为了找到合适的材料，他进行了13 000多次实验。直到1879年，他终于找到了一种材料可以使灯泡持续照明40小时，这项研究才告一段落。爱迪生于1880年1月获得了这项发明专利。

奇怪的是，就在同年3月，一个完全不知道爱迪生研究成果的意大利人阿莱桑德罗·克鲁多发明了一种灯丝是极细碳丝的电灯泡，能持续照明500小时。然而，在都灵省一间小工作室里工作的克鲁多却没有去申请相关的发明专利。因此，他的发明尽管比爱迪生更胜一筹，却一直不为人知。

爱迪生继续改良灯丝，并于1880年底发明了一种能够持续照明1200小

时的灯丝。但这时英国提出了一个大难题：英国人约瑟夫·威尔森·斯旺曾在1878年申请了一项以碳化棉纤维作为灯丝的灯泡专利。于是，一场法律纷争开始了。1881年，斯旺继续进行研究，申请了以纤维素为灯丝的灯泡专利。最后，这场专利之争以友好协商收尾：两人一开始都认为对方无权将此发明用于商业目的，却于1883年一起成立了一家公司，即爱迪生·斯旺联合电灯公司，他们的合作逐渐垄断了这个竞争对手层出不穷的新兴电灯市场。

霓虹灯
乔治·克劳德 (Georges Claude)   1870—1960

1898 希尔·威廉姆·雷姆斯发现了氖元素。
1912 乔治·克劳德售出了历史上第一个霓虹灯招牌。
1915 克劳德为自己的发明申请专利。

    乔治·克劳德是19世纪末一位年轻有为的化学家。在经历了一场严重的事故之后，他到巴黎政府的电力部门工作，帮助改良城市电力安全系统。20世纪初期，他因找到了一种能够安全运输可燃性危险气体乙炔的方法而受到了外界的关注。他将乙炔溶解于一种液体——丙酮中，这样就能让乙炔变得稳定且便于处理。事实证明，他所设计的运输系统运行良好，他受到鼓励继续进行实验，想要转化和运用更多的液态气体。到1902年，他的研究成果推动了多项生产液态气体的工业化进程（比如医院里面使用的液态氧气）。

    当时，还有另外一位很著名的苏格兰化学家希尔·威廉姆·雷姆斯，他一直致力于研究稀有气体，并于1898年发现了一种不与其他元素发生反应的惰性气体——氖。雷姆斯专注于惰性气体的研究，于是克劳德开始将注意力转向他的工作成果，并进行了一系列关于惰性气体特性的研究。在一次实验中，他将少量的氖气充入一根玻璃管，并接通了微弱电流，这时玻璃管里竟发出强烈的暖橙色光。克劳德受此启发，想发明一种比一般的灯更亮且更持久的新型灯。不过当时他并不是很激动，因为实验得到的光不是白色的，不能做日常使用。后来，一个在新兴广告领域工作的朋友雅克·丰塞勒帮助他找到了这种灯的其他用途。他们一起做研究，试着做不同形状的灯管，并变换灯管里面的气体以得到各种颜色的灯光。1912年，他们向巴黎的一个理发师售出了历史上第一个霓虹灯广告牌。

1915年，克劳德为这项发明申请了发明专利，但由于恰逢第一次世界大战爆发，霓虹灯并未广泛流传开来。1919年，第一次世界大战结束后，乔治和雅克一起为巴黎歌剧院设计了一款巨型霓虹灯广告牌。1923年，霓虹灯正式登陆美国，并成为"经济大萧条"爆发前的十年里国家繁荣发达的标志。

伸展式台灯

乔治·卡沃迪恩（George Carwardine）   1887－1948

1931 乔治·卡沃迪恩开始研究一种伸展式的臂架。

1932 卡沃迪恩将其创意用在台灯上，并于同年申请到专利。

1935 推出了一种家用新型台灯。

　　20世纪30年代初，霍斯特曼汽车公司的资深机械工程师乔治·卡沃迪恩辞职，自己开了一家生产汽车零部件的公司。卡沃迪恩擅长于机械的悬挂系统，他致力于研究出新的应用途径。在研究过程中，他发现如果在金属臂上安装指甲，就可以得到一种能够转向各个方向并能任意固定在一个方向的机械装置。其实，这种装置利用的是四肢恒张力原理，是人体解剖学中肢体运动原理的衍生。尽管这个发现很有趣，但在当时无法应用于实际，因为考虑到还需悬挂重物的问题它就没那么实用了。

　　在之后的几年里，卡沃迪恩重新开始研究，很快他便有了新的主意。他在机械臂的一端连上一个很重的底盘，在另一端接上一个25瓦的小台灯：利用可活动的手臂可以将灯光射向任意方向。他先将这个发明试用于为装配线照明，结果发现这种台灯能够有效照亮那些长期处于阴暗中的角落。卡沃迪恩立即意识到由于可以选择需要照明的区域，他发明的灯可以在很多地方派上用场。比如，只要给它装上一个灯罩就能用在书桌上，这样对伏案工作和学习的人来说灯光就不会太刺眼了。

　　为了保护自己的发明，卡沃迪恩在1932年7月申请了专利。他将其命名为"万向台灯"，自此卡沃迪恩零部件公司便开始大规模生产并销售这种新型台灯。

　　但是卡沃迪恩希望制造出一个完美的产品，于是他继续改良自己的设计：转轴从一个变成三个，以保证台灯的结构足够稳固。他的这项发明获得了巨大成功。第二次世界大战期间，甚至有军队将一种特制的伸展式台灯安装在战舰里的桌子上。战争之后，这种伸展式台灯更加流行，"万向灯"成为了书桌上必备的台灯。

隐形床

威廉·劳伦斯·墨菲 (William Lawrence Murphy)　　　　　1876—1957

19世纪末期　威廉·墨菲搬进桑弗朗切斯科的住处。

1900　史上第一张隐形床获得了发明专利。

1918　另一种新型的复合式隐形床也申请了专利。

　　威廉·墨菲在认识格拉迪丝不久后就搬到了她家附近。格拉迪丝是当时旧金山一位著名工程师的女儿，她家境富裕，是一名歌剧演唱家。那时威廉刚到城里不久，独居在租来的一个小房间里，一张床几乎占据了全部空间。

　　在20世纪初，一个为发明疯狂的男孩邀请女孩去那样一个简陋的小房间里，简直是不可思议的事情，因为有种种不便之处，而墨菲不想给自己爱慕的女孩留下不好的印象。于是，他运用自己的聪明才智，想找到一种解决办法。如果没有床，他的房间虽然小但至少看起来还算体面，这样他就可以放心地邀请格拉迪丝去家里了。于是他便开始精心设计一种床，能够以床头为轴竖立起来收进靠墙的衣柜里。床垫则被绑在床板上，能一起收进柜子里。

　　墨菲现在有了一个"无床"的卧室，于是他邀请了格拉迪丝到家里来做客。同时，他的幸运之神也降临了。1900年，他为自己发明的隐形床申请专利。同年，这种床被投入生产，他也成立了自己的墨菲壁床公司。这是美国历史最悠久的家具公司之一，直到今天依然存在。这项发明除了为他带来光明的前途之外，对后人而言，也成为全世界情景剧和电影中使用最广泛的道具床，而且这个"壁床"使他得以达到自己最初的目标：在他的公司正式运营后不久，他就和格拉迪丝结婚了。

　　尽管如此，他的创造力并未就此枯竭。1918年，他申请了另一种结构更复杂的隐形床专利。这种新型床有一根可活动的臂杆，可将整张床固定在衣柜内。在接下来的几年里，墨菲设计的隐形床大受欢迎，但在经济热潮中却销量大减，因为那时候人们都住在宽敞的大房子里。20世纪70年代起，隐形床重新开始流行，这与当时家庭人口的减少和住宅面积的缩小有着直接的关系。

暖气片

弗兰茨 · 卡洛维奇 · 桑加利 (Franz Karlovic Sangalli)   出生年不详－1908

1853   弗兰茨 · 桑加利从英国旅行归来，他在那里学会了最先进的熔铸铁技术。

1855   桑加利为沙皇在圣彼得堡港口一处住所设计了最早的暖气设备。

2005   在伏尔加河畔的萨马拉城建起了一座桑加利暖气片纪念碑，出自雕塑家尼古拉 · 库克雷夫之手。

弗兰茨 · 卡洛维奇 · 桑加利出生在波罗的海沿岸的甚切青，父亲是意大利人，母亲是德国人，他很小时就迁居俄国，后来在一家贸易公司工作。他被当地的民族文化强烈吸引，尤其喜爱圣彼得堡这座城市。他用心学习国际象棋和俄语，还改信东正教，并找到了心目中理想的妻子。

他是一位充满活力而有天赋的企业家，在一次去英国的旅行中学会了当时最先进的熔铸铁技术。1853年，他回到俄国后立即成立了自己的公司，并出色地完成了一系列工程，如为冬宫安装楼内护栏和先进卫生设施，进而改变了圣彼得堡居民室内装潢的习惯。因此，这家公司在很短的时间内就一跃成为国内最著名的公司之一。不过，桑加利最著名的发明还是暖气片。这项发明诞生于1865年，其原理是通过暖气管将锅炉产生的蒸汽或热水输送进用铸铁打造的暖气片，散出热量使室温升高。

最原始的暖气片是为沙皇在圣彼得堡港口一处住所里的暖房设计的。由于当地的气温在一年中有数月都在零摄氏度以下，天气相当寒冷，因此桑加利设计出暖气片的消息很快人尽皆知，贵族们的家里渐渐都安装上了这种设备。

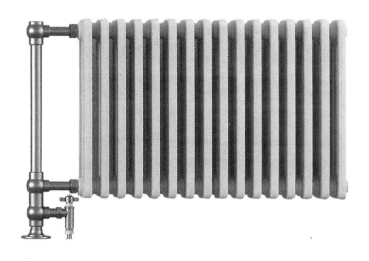

　　桑加利的发明令他达到了人生高峰，他被授予俄罗斯皇家杜马下议院议员的荣誉，任期从1870年到1890年。尽管他名利皆收，但直至临终前还在潜心经营自己的公司。1908年，他撰写了一本悼念一位制造商的人物传记，并于20世纪初在俄国出版。书的前言引用了当地家庭作坊间流传的一句格言：不骄不躁，不眠不休。

　　桑加利的发明迎来150周年纪念日之时，雕塑家尼古拉·库克雷夫在伏尔加河沿岸的萨马拉城专门为暖气片雕铸了一座铜碑，以缅怀伟大的发明家桑加利。这座铜雕塑作品呈现的是一个传统式样的暖气片，前面的窗台上趴着一只懒洋洋的猫咪，仿佛正享受着屋内令人惬意的暖意。

保温瓶
詹姆斯·杜瓦 (James Dewar)

1842—1923

1852 詹姆斯·杜瓦跌进了一个冰冻的池塘,这让他上肢的活动能力有所下降。这次的小事故激起了他对低温学研究的兴趣。

1892 为在低温下储存液化气体,杜瓦进行了多次试验,并发明了"杜瓦瓶",也就是人们所熟知的"保温瓶"。

1904 杜瓦的发明并没有专利,而是被一家德国公司Burger&Aschenbrenner注册商标并生产销售。

詹姆斯·杜瓦是苏格兰物理化学家。1852年,只有10岁的他不幸摔进了一个冰冻的池塘,因此得了创伤性发热,并导致上肢的活动能力明显下降。这个事件对他来说意义非凡,正因此他产生了对低温学研究的兴趣,并将毕生精力奉献于此方面的研究。

为了减轻事故的后遗症,恢复手指和胳膊的活动能力,詹姆斯开始学习制作小提琴,并因此练就了一双格外敏捷而灵活的双手,这对他日后的实验工作帮助很大。1859年,为了竞聘爱丁堡大学的助理一职,他展示了自己制作的一把小提琴以证明他的手工技能,并幸运地获得了此职位。由于在学校里工作出色, 1877年他被任命为英国皇家学会的化学教授。

他比较重大的实验成果是发明了一种制造液态氧的机器及发现了低温条件下材料的光学性质。正是这些成果催生了热水瓶的发明,因为杜瓦需要不断尝试可行方法以在低温环境下保存元素,并于1892年发明了一种有真空层的保温瓶,将其命名为"杜瓦瓶"。这种真空瓶最开始被用来保存液态气体,比如空气、氧气和氮气。

12年以后，才有人想到可以将杜瓦瓶应用于科学以外的领域：德国的Burger & Aschenbrenner公司提出了将杜瓦瓶用于饮料长时间保温的理念。由于杜瓦并没有为自己的发明申请专利，Burger&Aschenbrenner公司就在多个国家注册商标，开始生产这种保温瓶，并将公司改名为Thermos（膳魔师）有限责任公司。由于市场反响非常好，Burger & Aschenbrenner公司于1907年决定将保温瓶的商标同时授权给美国的三家公司。尽管是分别运营，但他们彼此共享资源，并不断改良生产技术。他们之间的友好合作也对促进保温瓶在世界范围内的流行具有决定性的作用。

茶包

托马斯·苏利文（Thomas Sullivan）

生卒年不详

1908　托马斯·苏利文决定要削减包装成本，却在偶然中发明了茶包。

1920　美国的工厂开始大批量生产销售这种茶包。

1930　威廉·赫曼森申请了热封纸纤维材质茶袋的专利。

在20世纪初期的美国，茶成为最流行的饮品之一。开始人们用大容量的马口铁罐来装茶叶，喝茶的时候得舀出来放进开水里。在品茶之前，人们还得先把茶叶一点一点挑出来。这过程既费事又浪费时间。

那些马口铁容器对于销售者来说也是个大难题，因为运送茶叶要按照重量计算运输费，偏偏那些容器又很重。为了克服这个难题，纽约的一个年轻商人托马斯·苏利文，就想通过把茶叶少量地分装在丝质小袋子里出售来节省包装成本，这样既轻便又经济。苏利文没有想到就这样产生了一个天才的发明：他只是用一些又轻又柔软的丝质小袋子来代替马口铁容器而已。

但是他完全没有想到自己这个无意间的发明会经历不可思议的演变：客户们并不知道苏利文给的那些小袋子只是单纯的包装替代品，也不知道应该打开小袋子把里面的茶叶倒进茶壶泡水喝，而是直接把袋子扔进了开水里；而袋子的材料也很好地适用于这种情况，开水能迅速渗进布袋把茶叶泡开。于是，所有人都开始向苏利文订购那种小袋子包装的茶叶，而不再要那些散装的茶叶。

这种泡小袋茶的习惯飞快地传播开来。由于苏利文根本没想过茶包是自己的发明，所以也从没动过申请专利的念头。这样一来，从20世纪

20年代开始，美国所有的茶叶商和商店都开始生产和销售茶包，并用更廉价的纱布替代了丝袋。到了30年代，威廉·赫曼森的才思为茶包带来了新的发展。作为波士顿造纸科技公司的创立者之一，他研制出了热封纸纤维材质茶袋，并申请了专利。二战后，茶包登陆英国市场，但是一开始的销售形势有点困难：在60年代的英国，只有3%的茶是以茶包的形式出售的。不过，现在这个比例已经上升到了95%。

奶粉

亨利·内斯特雷 (Henri Nestlé)   1814—1890

1834   亨利·内斯特雷来到沃韦，开始做一些小生意。
1867   他将牛奶、面粉和糖混合在一起发明了奶粉。
1874   他将雀巢公司以百万瑞士法郎的价格售出。

　　亨利·内斯特雷于1814年出生于德国法兰克福，20岁时便迁居到瑞士的沃韦，并在那里开了一个主要生产矿泉水和副食的小公司。当时婴儿的死亡率很高，雀巢公司主要致力于找到母乳替代品，以帮助那些不能母乳喂养的母亲。

　　由于内斯特雷曾经当过一位药剂师的助理，加上妻子是医生的女儿，懂得一些医学知识，他立即投入了研制工作。他的目标是研制一种新生儿能够消化的配方奶粉。于是，在他的一位科学家朋友金·巴尔塔萨·斯奇内特茨的帮助下，他先将牛奶、面粉和糖混合在一起。然而，氨基酸和淀粉对于婴儿来说都不易消化。经过多次试验以后，他们得到了一种粉末状的混合物，只要加水搅拌就能食用。他对自己的研究成果很满意，并将这项新发明作为一种"混合健康瑞士牛奶和即食谷物的新技术"的营养食品推向市场。1867年，他用这种奶粉喂食一个母亲病重的早产婴儿，结果婴儿奇迹般地存活下来，这让雀巢公司声名大噪。被命名为雀巢亨利谷物奶粉的新产品在整个欧洲取得了巨大的成功。从1870年起，雀巢公司以麦芽、牛奶、糖和面粉为原料的婴儿食品也很快风靡美国。为了满足来自全世界的订单，雀巢公司在伦敦开设了办事处，并在短短几年内开始向南美和澳大利亚出口其产品。1874年，内斯特雷将公司转手，开始享受退休后的休闲生活。在接下来的几年内，雀巢公司还开始生产巧克力牛奶，1938年引进了雀巢速溶咖啡。此后，雀巢陆续收购了其他一些公司，如在1947年收购了"美极"，1960年收购了"克罗斯&布莱克韦尔"，1962年收购了"芬图斯"。之后又在1974年和1997年分别收购了"欧莱雅"和"桑贝雷格里诺"，因此大大地丰富了雀巢公司的产品类型。现在，这个跨国公司已有超过25万名员工，每年的营业额有750亿欧元，成为世界上规模最大的食品公司。

速溶咖啡

萨托利·卡托 (Satori Kato)　　　　　　　　　　　生卒年不详

乔治·康斯坦特·路易斯·华盛顿 (George Constant Louis Washington)
　　　　　　　　　　　　　　　　　　　　　　　1871－1946

马克思·莫根特尔 (Max Morgenthaler)　　　　　　生卒年不详

1901　萨托利·卡托为自己发明的浓缩咖啡申请专利。

1910　乔治·C.华盛顿生产并售出了历史上首批速溶咖啡。

1938　雀巢进入瑞士市场，打造了著名的"雀巢咖啡"品牌。

　　如果说意大利是浓缩咖啡始祖的故乡，那么美国毫无争议的是速溶咖啡的发源地。萨托利·卡托是一位日裔美籍化学家，因为在托马斯·苏利文发明茶包之前发明了速溶茶而闻名。在1900年前后，卡托和一位来自美国的咖啡进口商洽谈生意时，这位进口商建议他可以根据速溶茶原理发明速溶咖啡。他们达成共识后合开了卡托咖啡公司。1901年，卡托申请了速溶咖啡的专利，同年在水牛城的泛美博览会上展出。卡托于1903年正式获得速溶咖啡专利，在他从安特卫普去美国纽约寻找商机的途中幸运地结识了一位荷兰裔美籍的年轻人乔治·康斯坦特·路易斯·华盛顿。乔治非常精明且雄心勃勃。1906年，当他在瓜地马拉想要通过饲养牲畜致富期间，速溶咖啡的想法却意外地为他带来了财富。在观察装咖啡的银罐子时，他注意到罐子口边缘残留着一些咖啡渣，华盛顿受到启发随即发明了一套生产速溶咖啡的独特技术，并于1910年顺利推向市场。速溶咖啡的味道并不如用传统方法煮出来的咖啡香浓，但无论如何，Red & Coffee（速溶咖啡上市时的品牌名）大获成功，更由于军队配给了这种快捷方便的咖啡饮品，士兵们一战归来后，饮用速溶咖啡的习惯在各地区广泛流行开来。

　　不过，第二次世界大战前夕出现了一个转折点。当时巴西正在想办法处理当地大量积压的咖啡豆。当时在食品领域已经有相当规模的雀巢公司派出了一支由马克思·莫根特尔带领的研究团队，以卡托的发明为指导，展开了为期七年的针对雾化和干燥等生产技术的研究工作，最终他们克服了不能充分利用咖啡豆的难题，制造出了美味的速溶咖啡。于是雀巢公司和巴西政府达成协议，并于1938年将雀巢咖啡正式投入市场，直到现在，雀巢咖啡仍然是全世界销售量最大的速溶咖啡。

意式浓缩咖啡机

朱塞佩·贝泽拉（Giuseppe Bezzera）　　　　　　　　　生卒年不详

1901　米兰工程师朱塞佩·贝泽拉发明了史上第一台浓缩咖啡机。

1904　德西德利奥·帕瓦尼买下了咖啡机的专利，并开始大规模的生产。

1948　帕瓦尼与建筑师焦·博迪合作发明了第一台横放的意式浓缩咖啡机，
　　　品牌名为拉帕瓦尼。

　　19世纪末期，煮咖啡的过程繁琐而精细，就像土耳其进行曲一样，需要耐心等待咖啡粉末缓慢沉降到水底之后才能倒出咖啡。但是现代人的生活节奏快，没有这么多的时间。为解决这个问题，米兰工程师朱塞佩·贝泽拉制造出一台能够快速煮出咖啡的机器，其原理是利用水蒸气的热量和压力制成浓缩咖啡。为寻找不同成分配比下的最佳口味，经历了无数次实验后，朱塞佩成功地发明了浓缩咖啡机，并于1901年为自己的发明申请了专利。

　　作为一个生意人，朱塞佩决定将专利权转售给一位著名企业家德西德利奥·帕瓦尼。帕瓦尼对这项发明相当感兴趣，便立即购买了咖啡机的专利。1905年，帕瓦尼在米兰的一个小作坊里开始生产这种立式浓缩咖啡机，并命名为"理想咖啡机"。它内置一个小锅炉，能在气体的压力下冲出咖啡。意式浓缩咖啡机是非常成功的，以至于在1906年第一届米兰国际展销会上得以展出。

　　帕瓦尼咖啡机冲出的咖啡被称为快速咖啡（espresso在意大利语中有"快速"的意思），因为它每小时最多能冲泡出150杯咖啡。这种咖啡机一直被沿用到战后。不过，它始终有一个缺陷：煮出来的咖啡总有一股酸酸的焦味，因为在蒸馏过程中，除了水之外，蒸汽也融进了咖啡。战后，帕瓦尼开始寻求意大利工业设计界最杰出的人物——乔·博迪和安东尼奥·弗尔纳罗利的帮助，以解决这个难题。1948年，乔·博迪设计了第一款水平横放的浓缩咖啡机。由于它的模样古怪，有几根管子像角一样从圆柱形储罐内伸出来，所以被命名为"角状咖啡机"。这种新型机器里的锅炉内部能达到十个大气压，这样的压力使弹簧推动活塞，于是高压水蒸气冲过细咖啡粉制成咖啡，这样煮出来的咖啡就不会有烧焦的酸味。

角状咖啡机是浓缩咖啡历史上一个重要的发明，它不仅为意大利人最爱的饮品增添一份美味，而且在这个日新月异的时代里，还是一件在工业设计领域具有重要审美价值的宝贵机器。

巧克力曲奇饼干

露丝·格兰弗·维克菲尔德 (Ruth Graves Wakefield)　　　1903—1977

1930　露丝·维克菲尔德放弃了教师的职业，开了一家名叫托尔豪斯客栈的旅馆。

1937　因为缺少可可，她偶然发明了一种加了巧克力颗粒的饼干。

1939　她的巧克力曲奇饼干闻名全美国。

　　1930年，露丝·维克菲尔德放弃了教书的工作，和丈夫一起在马萨诸塞州连接波斯顿和新贝德福德的公路旁，把一处老旧的养路工人住房改建成了一家客栈。根据这座老房子本来的用途，他们为客栈取名为"托尔豪斯客栈"。Toll House 在英文里指那些几百年来在公路边收取通行费并为旅客提供休息、换马和餐饮服务的驿站。露丝在客栈里主厨，她精湛的厨艺很快就在新西兰传开了。

　　露丝最拿手的是那些简单而美味的黄油饼干，其中有一种是将可可揉进面团里做成的饼干。1937年的某一天，在她准备面团的时候，发现可可所剩无几。幸好她的一位朋友安德鲁·内斯特刚送给她一些公司生产的巧克力棒，于是，露丝将那些巧克力棒碾碎和进面团里，她希望那些巧克力会在烤箱的高温下融化。但是巧克力并未如期完全融化，饼干里还残留着一些巧克力颗粒。

　　这种巧克力饼干很受欢迎，露丝将它命名为"托尔豪斯曲奇饼干"。经过客人的口口相传，含有巧克力颗粒的曲奇饼干很快流行开来。1939年，贝蒂·克罗克在她最喜爱的收音机节目"著名的食物和餐馆"里向听众介绍这款巧克力曲奇饼干，并强调配料中的巧克力棒会给饼干增添与众

不同的美味。从那之后，巧克力曲奇饼干迅速成为全国范围内家喻户晓的美食。

其实，真正的天才创意来自于露丝的朋友安德鲁·内斯特。经过露丝的同意，内斯特的公司将巧克力曲奇饼干的制作方法印在巧克力棒的包装上面，并附送一个弄碎巧克力块的工具。在20世纪40年代，露丝将托尔豪斯的商标转售给雀巢公司，由此获得了一笔丰厚的报酬。

在接下来的几年里，露丝继续烹饪美食，她总结自己在炉灶与烤箱边获得的经验写成了一本书——《露丝·维克菲尔德食谱：实验与真理》，这本书再版了39次，她也因此成为美国最著名的厨师之一。

巧克力蛋

帕斯蒂切里亚·简博内 (Pasticceria Giambone)　　　　　　19世纪

1502　克里斯托弗·哥伦布将可可带到了欧洲。

19世纪　寡妇简博内在都灵第一次展示了填满巧克力的蛋。

1920　萨尔托里奥之家发明了用于生产空心蛋的机器并申请专利。

有关蛋的风俗在所有文化中都有着悠久的历史。它总是代表着春天的到来，代表着大自然里生命万物的复苏。为了表示对这个具有美好祝愿意义的象征物的珍视，人们渐渐开始装饰蛋。直到今天法贝尔杰为俄国沙皇和圣彼得堡宫廷制作的那些精雕细琢的珠宝蛋还满载盛誉，这种蛋由宝石和贵金属制成，里面时常回荡着微弱的钟声。

1502年，克里斯托弗·哥伦布将可可从美洲带到了西班牙，于是可可在全欧洲流行开来。在法国路易十五的宫廷里，巧克力被用来包裹鸡蛋，这种创意或许来源于都灵的巧克力作坊。

从17世纪起，都灵就已经成为世界上最大的巧克力王国之一。这座城市见证了复活节彩蛋的诞生。在新孔特拉达大街（现在的罗马大街）的一间小作坊里，寡妇简博内制作出了巧克力彩蛋。一天早晨，为了吸引客人，简博内把热巧克力灌入空的蛋壳，和母鸡一起展示在玻璃橱窗里，并且宣传说她的母鸡下了巧克力蛋。就这样，她成功了。

一开始，那些彩蛋表面要么绘有红白相间的精美花纹，要么绘有顾客或收礼物者姓名的首字母缩写。但是很快，这种画着图案的蛋就被另一种用彩色锡箔纸包装、更加精致的巧克力蛋代替了。这种蛋的顶端还用五颜六色的彩带系成漂亮的结。

20世纪20年代，彩蛋又有了新的变化。都灵的萨尔托里奥之家申请了制作空心蛋模具的专利，有了这种工具，人们就可以做出具有完美几何形状的巧克力蛋——先分成两部分制作，最后再合在一起。这种创新立刻激起了更多的商业惊喜。一开始人们只是往蛋里放一些普通的糖果和蜜饯，后来填充物渐渐出现了玩具、项链和钥匙扣。

令人惊讶的是，巧克力蛋很快就成为每个孩子的节日愿望。在1927年的复活节期间，都灵的阳光巧克力工厂生产了至少50吨巧克力蛋。从那时起，巧克力蛋就成为闻名世界的复活节的一个吉祥物。

比萨饼

拉斐尔·埃斯波西多 (Raffaele Esposito)　　　　　　　　生卒年不详

1730　在那不勒斯诞生了史上第一块海鲜比萨，原料有番茄、蒜、橄榄油、牛至和罗勒。

1889　为了向萨沃伊·玛格丽特皇后致敬，意大利饼店老板拉斐尔·埃斯波西多发明了玛格丽特比萨。

2009　那不勒斯比萨是首个获得欧洲传统特产保证商标的意大利食物。

　　在1730年前后诞生了第一块真正的那不勒斯比萨，现在被人们称为海鲜比萨，原料有番茄、蒜、橄榄油、牛至和罗勒。最原始的比萨是在小巷里露天的台子上做成的。1830年，在阿尔巴门附近第一家真正的比萨店开业了，店里的烤炉是用耐火砖砌成的。后来，有人想到用维苏威火山砾做烤炉内壁，这样烤箱就能承受更高的温度，这也是那不勒斯比萨有其特殊风味的秘诀之一。

　　而直到1889年，最负盛名的玛格丽特披萨才刚刚问世。那年夏天，翁贝尔托国王一世偕玛格丽特王后到那不勒斯的卡波迪蒙特宫殿度假。根据萨沃伊王朝制度的规定，身为君主和王后，他们每年都要拜访两西西里王国的旧址。王后很想尝尝久闻大名的那不勒斯比萨，但是按规矩，王后不可以亲自去比萨店，于是，王后就派人把当地最著名的饼店老板拉斐尔·埃斯波西多请到了宫殿里。

　　埃斯波西多的皮耶罗比萨店离吉亚大街只有几步远。他带着店里的三种比萨来见王后：用猪油、奶酪和罗勒做的 Mastunicola（马斯图尼克拉）比萨，用番茄、大蒜和牛至做的 Marinara（海鲜）比萨，以及以番茄、奶

酪两种原料为主，再加上橄榄和罗勒做的 Pomodoro&Mozzarella （番茄和莫苏里拉奶酪）比萨。尤其是最后一种比萨的颜色让人想起意大利的三色国旗，因此王后大为惊喜。比萨店老板为了回馈王后的赞赏，决定为这种比萨取名"玛格丽特"，以示对王后的敬意。

直到今天，在那不勒斯最著名的比萨店之一——布兰迪比萨店（其前身即皮耶罗比萨店）里面，还陈列着当年由皇家饮食主管卡米罗·加利执笔的寄给拉斐尔·埃斯波西多（布兰迪比萨店）的感谢信，以表达玛格丽特王后对他的赏识。直到20世纪下半叶，比萨一直是纯粹的那不勒斯风味的代表之一。第二次世界大战结束后，向外移民的热潮大涨，比萨开始"外侵"，逐渐征服了意大利乃至全世界，比萨饼也成为意大利第一个获得欧盟传统特产保证商标（STG，欧洲保护传统特产不被模仿和伪造的质量标准）的美食。

三明治

約翰·蒙塔古（John Montague）桑威奇镇第四任伯爵　　1718—1792

1762　在法国，"三明治"这个专有名词最初是指因蒙塔古伯爵而闻名的一种小面包。

1802　在伦敦的"可可树"俱乐部里，桑威奇镇第四任伯爵约翰·蒙塔古点了两片面包夹着肉吃。三明治就此诞生。

20世纪　桑威奇镇第十一任伯爵建立了连锁快餐店——桑威奇伯爵快餐店，250年悠久经验。

三明治是当今最简单方便的快餐食品之一，它的起源与一个贵族有关。三明治的名字取自约翰·蒙塔古，他是桑威奇镇第四任伯爵，是一位英国政治家，曾任英国国务卿和第一海军大臣。

蒙塔古爱好十分广泛，但他最钟爱的是赌博，经常没日没夜地和那些英国大贵族们一起玩牌喝酒。他常因为玩得太投入而连一只手都腾不出来，更别提放下牌去吃饭了。1762年，在一次打牌过程中，他发明了以他名字命名的三明治。

"可可树"是当时伦敦最著名的贵族俱乐部之一，很多政要和贵族都会去那里玩乐消遣。一天晚上，伯爵觉得异常地饿，但他不想吃俱乐部里的食物。于是，他点了两片面包，要求中间夹上牛肉片。服务员勉强把伯爵的古怪点单交给了厨师，不一会儿中间夹着烤牛肉的两片吐司就被端了上来。

面包片夹肉不仅看起来很诱人，而且味道也相当好。伯爵非常喜欢这种吃法，连牌桌上的人也都开始向服务员要"和桑威奇伯爵一样的食物"。从那晚开始，俱乐部里的所有客人都开始叫"三明治"吃。就这样，这种后来名为三明治的"贵族"点心走上了历史舞台。1802年，它的名字第一次登上了法国的报纸《格言》。据说蒙塔古伯爵爱吃三明治的奇怪习惯也遗传给了他的后代。20世纪90年代，桑威奇镇第十一任伯爵和儿子一起开了同名连锁快餐店，三明治自然是店里的主打产品，连锁店"250年悠久经验"的招牌也令人回想起他们那位远近闻名的伯爵祖先。

快餐

莫里斯·麦当劳（Maurice McDonald）　　　　　　　1902－1971
理查德·麦当劳（Richard McDonald）　　　　　　　1909－1998

1945　麦当劳兄弟决定将自己在美国加利福尼亚州圣贝纳迪诺市的餐厅改为
　　　自助餐厅。

1954　一个名叫雷·克罗克食品搅拌机的销售代表建议麦当劳兄弟开发特许
　　　加盟的连锁餐厅业务。

1955　在伊利诺伊州的德斯普兰斯第一家麦当劳餐厅开业了。

　　20世纪40年代，由于汽车的日益普及，南加利福尼亚州的很多餐厅都开始采用"免下车"的服务形式向客人提供餐饮，这样顾客不用下车就可以在自己的车里自在地用餐。理查德和莫里斯就在圣贝纳迪诺市拥有一家这样的餐厅。店里生意很好，但客人还总是要求更快的服务速度。两兄弟也觉得服务效率可以进一步改善，只不过要重新考虑运作方式。

　　他们受到了车辆组装流水线的启示：组装汽车的过程被分解成很多个简单的部分，每个人负责一块。他们将后厨配餐的流水线设计用石膏画在家后面网球场的空地上。通过观察餐厅员工平时准备食物的过程，他们不停地完善设计图，希望进一步提高工作效率。然而有一天，当他们画图时，一场暴雨将他们的设计图全给冲掉了。麦当劳兄弟并没有灰心，而是正好趁着这个小意外进一步完善了设计方案。在想好了如何配餐后，他们转而关注客人的用餐体验。

　　他们觉得，客人与其坐在那里等着服务员来为他们点餐，还不如直接在收银台前排队，选择简单的套餐，付钱取餐后再坐下来食用。这样既能

节省人力又提高工作效率，工作人员可以集中精力准备餐食。这在当时是革命性的服务理念。两兄弟对自已的新创意感到很骄傲，将其命名为"快速餐饮服务系统"。之后，由于美国所有的餐馆老板都来拜访他们，想要效仿他们的经营模式，他们决定将其以商标许可的形式出售。

　　麦当劳兄弟对烹饪有着极大的热情，然而对这笔生意却没有太大的兴趣。他们的搅拌机供销商雷·克罗克意识到这种经营模式前景相当可观，于是他说服了麦当劳兄弟将公司卖给他。从此，一场在世界范围内改变人们用餐方式的革命就此打响了。

罐头食品

尼古拉斯·阿贝尔特 (Nicolas Appert)　　　　　　　　　1749—1841

1784　尼古拉斯·阿贝尔特在巴黎的伦巴第大街开了一家甜品店。

1802　他发明了一种将熟食保存在瓶子里的保鲜方法。

1809　他的发明得到了拿破仑的嘉奖。

18世纪末期，食物的保存是个大难题，尤其在军队里，死于坏血病的人数比死在战场上的还要多。拿破仑深知这一点，他悬赏1.2万法郎寻求这个问题的解决方法，这在当时可是一笔大数目。

最后获得这笔奖励的人是一个名叫尼古拉斯·阿贝尔特的手工业者。1749年出生在沙隆恩香帕尼的尼古拉斯·阿贝尔特在家中排名第九，他们十一个兄弟一起做过很多种工作，几乎都与食品的生产和保存相关：葡萄酒商、啤酒师、厨师，甚至是泡菜生产商。1784年，他搬到巴黎，在伦巴第大街开了一家甜品店。那时候，主要通过腌制、醋泡、酒泡和烟熏的方法来保存食物。这些措施成本很高，而且有损于食物的营养价值。不过阿贝尔特很确定，这些方法能有效防止或减慢食物的腐败。

而他发明的保存方法很简单。只要将那些经加工后的食品装进瓶子后用软木塞封口，然后浸到开水里，最后再将其冷却。不同食物所需的浸泡时间不同。或许这种方法对于我们来说一点也不新鲜，我们的爷爷奶奶可能就是这样储存食物的。但当时还没有巴斯德的高温除菌法，因此在那个时代阿贝尔特的储存法绝对是一个革命性的发明。

阿贝尔特用船将封好的罐头在拿破仑军队的护送下运给海军部队，共历时约四个月。船上有20多个装着山鹑和蔬菜的玻璃罐，送到时没有一瓶食物变质。19世纪初，这个神奇的发现见诸于报，被称为是一项国际性的发明。阿贝尔特为自己的发明申请了专利，随后还做起用密封容器储存各种食品的大生意。1810年，另一个法国人皮埃尔·杜兰德开始使用锡质容器，那便是如今罐头的前身。而在1812年，布莱恩·邓金和约翰·哈尔二人都开始研究新型的罐头保存法。

自动贩卖机

埃洛内·迪·亚利桑德里亚 (Erone di Alessandria)　　　生卒年不详
托马斯·阿达姆斯 (Thomas Adams)　　　　　　　　　1818－1905

公元1~3世纪　埃洛内·迪·亚利桑德里亚发明了自动贩卖饮料机。
1876　托马斯·阿达姆斯开了一家口香糖公司。
1888　"百分百水果"是最早在自动贩卖机上出售的水果味口香糖。

　　现今，如果在车站、医院或办事处找不到自动贩卖机，你一定会觉得不可思议。那么，你一定更加惊叹于第一台自动贩卖机居然出现在公元1~3世纪，其发明者是一位来自希腊的著名数学家——埃洛内·迪·亚利桑德里亚。

　　就像当时很多学者一样，埃洛内涉足多个研究领域。他格外喜爱机械学，使得他发明了历史上第一台自动贩卖饮料机。人们将硬币塞进机器上面的一个缝里，硬币的重量会触发内置装置，然后递出事先预备好的水或者酒。现在的饮料和零食贩卖机遵循的就是这个原理，托马斯·阿达姆斯也因此得到启示，首次使用自动贩卖机作为其营销策略。

　　阿达姆斯当时生活在斯塔滕岛上，在那里他遇到了改变他一生命运的人——墨西哥将军安东尼奥·洛佩茨·德·桑塔·安纳。将军是被流放到岛上的，他有咀嚼糖胶树脂的习惯，这是中美洲一种很常见的天然乳胶。受到将军的启发，在尝试用糖胶树脂制作玩具和工具失败后，阿达姆斯也试着咀嚼糖胶树脂，并将它制成小球形状、包上纸对外出售。1876年，他开了一家口香糖公司——阿达姆斯亲子公司，并迅速崛起。每个口香糖只卖一分钱，生产者希望寻找到一种不经过中间商的营销方法。阿达姆斯的主意既简单又有效：他决定好好利用埃洛内的贩卖机的原理。

口香糖被放在小盒子里，下面安装有一个简单的设置：将硬币塞进机身外面的缝隙里，转一下把手，然后机器就会递出一个口香糖。1888年，阿达姆在纽约的车站里安装了出售"百分百水果"口香糖的贩卖机，这是最早出现在自动贩卖机上的口香糖。这种销售模式成功了，于是花生米和巧克力也开始出现在自动贩卖机上，还有很多人开始尝试制造更复杂的自动贩卖机。阿达姆斯虽然没有为自己的发明申请专利，但是口香糖的广受欢迎是毋庸置疑的。

洗衣粉

弗里兹·汉高 (Fritz Henkel)   1848－1930
胡戈·汉高 (Hugo Henkel)   1878－1952

1876 汉高·切公司成立，生产以苏打为主要成分的洗衣粉。

1905 胡戈·汉高开始研究作为氧化剂的化合物氢氧化物。

1907 汉高公司推出"宝莹"系列洗衣粉，使用它既能漂白衣物又无须搓洗。

    弗里兹·汉高是个年轻的商人，尽管已经30出头，但他仍对科学，尤其是化学有着浓厚的兴趣。1876年，他和两个伙伴合开了汉高·切公司。两年之内，他们的公司就向市场推出了布雷奇苏打：一种以苏打为主要原料的洗衣粉，这是汉高自己的研究成果。当时这种洗衣粉还是人工用纸包装的。洗衣粉的销量逐渐增长，他们的公司规模也越来越大。没几年的时间，公司总部就搬到杜塞尔多夫的亚琛。在那里，弗里兹·汉高租了一个工厂以满足大量订单。

    尽管洗衣粉大受欢迎，汉高公司却仍是一个人工型家族企业：每包洗衣粉都是由工人手工填装并密封的。1905年，弗里兹的小儿子胡戈，开始在公司里担任化学研究员。胡戈是产品研发部门的主管，他带领团队主要针对洁净和漂白性能进行化学研究，尤其是对起氧化作用的氢氧化物进行研究。他们的目标就是生产一种性能超越市场上所有洗涤剂的卓越产品。1907年，"宝莹"牌洗衣粉诞生了，这种新型洗涤剂在短时间内就垄断了整个市场格局。

    "宝莹"的化学原理是将硅酸盐和过硼酸钠混合在一起，倒入开水后就会释放出氧气气泡。这个过程可以轻松去除衣物的污渍，既无须用手搓

洗，也不会留下难闻的味道。

这个产品很快在市场上获得成功，但是第二次世界大战的爆发和德国国内动荡的局势阻碍了汉高产品的传播。第二次世界大战结束后，"宝莹"在意大利以"迪克桑"的品牌名上市，销量情况同样良好。1950年"宝莹"再次投入生产，各大市场和商场里75%的存货立即销售一空，这是因为当时战争刚结束，物资匮乏，油和植物脂肪这些被家庭主妇们用来清洁卫生的传统物质很难买到。同时，洗衣粉的配方经过改良后增加了一些闪亮的物质，使用后衣服更加洁白。几乎同时出现了最早的洗衣机，洗衣粉的时代就此正式开始了。

购物车

希尔文·内森·戈德曼 (Sylvan Nathan Goldman)　　　　1898—1981

20世纪30年代　希尔文·戈德曼，一家食品杂货连锁商店的老板，他意识到
　　　　　　　　购物篮是商店销售的一个缺陷。
1937　戈德曼开始在自己的商店里提供一些可以放上购物篮的推车。
1940　尽管购物车很受欢迎，订单不计其数，但戈德曼一直在改良他的发明。

　　20世纪30年代，希尔文·戈德曼是俄克拉何马州一家名叫"标准食品"连锁杂货店的老板。和当时任何地方一样，在店里购物者要把买的东西放在一种柳条篮子里。篮子既重容量又小，用来装东西很不方便。戈德曼发现这个问题之后就不断思考解决办法。一开始，他让店里的员工注意顾客手中的篮子是否已经装满，并及时提供空篮子，然后将装满的篮子拿到柜台边，等顾客去结账时再拿给他们。1936年的一个晚上，他被一把折叠椅吸引住了。灵光一闪间，他觉得可以将椅子和篮子组合在一起。他马上找来负责店里维修工作的木工弗瑞德·杨，向他说出了自己的想法：做出一把带轮子的折叠椅，上下分两层，这样可以装下两个小篮子。于是两个人马上投入工作，经过不断尝试，终于做出了理想的产品。就这样，几个月之后，购物车诞生了。

　　但是这种购物车得让顾客们接受才行。1937年6月，戈德曼登出海报广告对外宣传他的新发明，强调以后在他的店里再也不必用双手提着重重的篮子购物。尽管宣传效果良好，购物车也的确是个好主意，但是顾客们还是拒绝使用，因为它让女士们想起婴儿车，而男士们也不愿冒着被女士认为孱弱无力的风险去使用购物车。

戈尔德曼并没有因此放弃。他雇用了一些不同年龄层的人，他们有男有女，具体工作就是假装在使用推车购物。在入口处，他还安排了一个女孩子让进来的客人能够注意到那些在使用推车的人，并邀请他们也去试用。成功终于到来了。

　　1937年末，戈德曼开始生产推车。到1940年，订单就已经排到了七年以后。同时，他继续进行研究，不断改良购物车，直到今天变成了我们见到的样子。

超级市场

克雷伦斯·桑德斯 (Clarence Saunders)　　　　　　　　　1881－1953

1916　克雷伦斯·桑德斯在孟菲斯开了第一家提供各种商品的商店——Piggly Wiggly（小猪扭扭）。

1932　桑德斯的2660家连锁超市总营业额达1.8亿美元。

1948　超级市场登陆欧洲。

　　克雷伦斯·桑德斯于1881年出生在维尔吉纳，从14岁起便在一个商店里工作，很快就成为一个事业小成的批发商。他觉得当时销售商品的效率很低，对店主们来说，经营成本和客户拖欠账单不付都是造成低效率的原因。此外，人们每天要去不同种类的店里买他们想要的东西，而且还要来回比对价格，太耗费时间了。

　　桑德斯认为，有必要开一个能让人们在同一地点一次买齐所有东西的商店。他想用一个提供多品种货物的自助商店来代替那些出售特定种类产品的小店，并且每件商品都明码标价。这是一个史无前例的改变，这不仅是对于消费者而言，对店主来说更是意义重大，因为一些老客户会在店里开个账户，每次在本子上记账，直到月底才会付清欠款，因此店主往往不能及时收到货款。桑德斯决定颠覆当时商店的经营模式，不再安排人员向顾客提供服务，而是将店里所有商品的价格都明确标示出来，客人看中了可以直接买走。他的想法终于在1916年9月6日得以实现，当第一位客人走进桑德斯在田纳西州孟菲斯中心新开的Piggly Wiggly（小猪扭扭）时，他看见店里摆着很多大型货架，上面的商品琳琅满目，每件货物都贴有价格标签。他的这种创意取得了空前热烈的反响。1917年，桑德斯去专利局申

请"自助商店"的商标专利。这种新的销售方式迅速红遍了个美国，它的核心理念就是让客人在店里随便逛，想买什么就买什么。六年后，在美国的29个州共有1200家连锁超市开业。1932年，连锁店数量增加到2660家，每年的总营业额达1.8亿美元左右。

克雷伦斯·桑德斯承认自己曾犯了一个很大的错误——不应该把自己的心血变为一个股份制公司，之后它迅速扩张并成为零售业巨头。当他想重新夺回所有经营权时才发现他已失去掌控，最后公司只能以破产告终。他的公司商标很著名，上面印着一只戴着小白帽的微笑小猪，之后公司转型为特许经营模式的销售网络，广泛分布在美国南部。

购物中心

维克托·戴维·格鲁恩（Victor David Gruen）
原名：维克托·戴维·葛兰班姆（Victor David Grünbaum） 1903—1980

1954 维克托·格鲁恩是一位来自奥地利的建筑师，他在德特洛伊特附近的诺斯兰完成了购物中心的设计。

1956 格鲁恩在明尼苏达州伊代纳市建造了史上首家购物中心。

1978 格鲁恩决定离开美国重返祖国。

维克托·戴维·葛兰班姆是一位年轻的奥地利建筑师，他是犹太人。1938年，由于受到纳粹迫害，他被迫来到美国，并改姓格鲁恩。有一天，他在纽约市中心散步时碰到了来自故乡的老友路德维希·莱德勒，这位朋友想在第五大道上开一家精品店，请他帮忙设计。结果一家新型的在评论家看来似乎具有革命性的店铺诞生了。

1941年，格鲁恩搬到洛杉矶，在那里他的事业也正式起步。1943年，杂志《建筑论坛》同时联系了他和其他一些著名建筑师，让他们畅想一下未来，设想战后可能出现的新型建筑。格鲁恩想起自己关于商店的设计，于是就发表了一篇题为《购物中心》的文章。文中他描述了一个新场所，那里除了店铺外，还提供各种服务，足以满足人们日常生活中的所有需求。1954年，在德特洛伊特附近的诺斯兰，他设计了一个占地10万平方米的大型购物中心，配有内设10 000个停车位的停车场。

但他并不满足，继续改良自己的设计。1956年，在明尼苏达州伊代纳市，他设计并建造了第一家真正意义上的全室内商业中心——南谷购物中心，其设有停车场，玻璃橱窗只朝内部开放，并配备了暖气和冷气设施。

虽然很多年之后这种商业模式才传播开来，但它是今天所有购物中心的范本。1954年政府颁布了一项法律鼓励企业家投资，并降低新建筑的造价，当然也包括购物中心，从那之后，购物中心才渐渐多了起来，但并不都是高质量的建筑。

　　因为与纯为谋利的商业目的相悖，格鲁恩式的注重环境与顾客感受的设计理念很快就被搁置。但当他决定回到祖国奥地利时，他惊讶地发现在维也纳刚建起了一家购物中心。这使他非常难过：他设计的初衷是为了使美国像维也纳，结果却是维也纳越来越像美国了。

eBay 易趣网

皮埃尔·奥米迪亚 (Pierre Omidyar)   1967 —

1995 皮埃尔·奥米迪亚建立了拍卖网站，即易趣网的前身。
1998 易趣网上市。
2009 易趣网站上列出了1000多种类型的物品，每分钟能收到600多个竞标。

　　皮埃尔·奥米迪亚是一个来自法国和伊朗混血家庭的独生子，1967年出生于巴黎，6岁时迁居到华盛顿。奥米迪亚从小就对计算机有浓厚的兴趣，他宁可花大量时间待在机器前也不愿意和小伙伴们一起玩耍。1988年他毕业于塔夫茨大学电子信息技术系，并在几年后创办了英克发展公司，主要生产适用于笔记本电脑的相关软件。不久后他开始发展在线销售软件的服务，开了一家名叫"e商店"的电子服务网店，但两年后就被微软收购了。

　　1995年春天的一个傍晚，奥米迪亚带女友帕姆维斯蕾去吃晚餐。帕姆维斯蕾整晚都在担心找不到倍滋（一种印有漫画人物的盒装糖果）的收藏者。她向奥米迪亚列出了通过网络和其他收藏者做交换的很多好处。

　　这给了奥米迪亚很大的启发。他立即着手创建拍卖网站，起名为"拍卖网"。一开始他的网站上只有很少几种商品：古董、书、电子产品和电器。

　　1995年5月，奥米迪亚在网上发起了第一宗拍卖交易。拍卖网充分相信客户能够合法利用这种网上交易的模式，并且能够自己解决在线买卖过程中可能产生的各种难题。

　　1996年，皮埃尔·奥米迪亚开始按成交价格向网络卖家收取一定比例的费用，这样就取得了第一笔收益。1997年，他决定将网站改名，并注册一个新的商标。一开始他想将网站更名为Ehco Bay，但是这个名字已经被一个总部设在美国科罗拉多州恩格尔伍德的矿业有限公司注册了。因此，他不得不换了个名字：eBay.com。

邮购目录

亚伦·蒙哥马利·沃德（Aaron Montgomery Ward）   1844—1913

1865 沃德开始从事推销工作。

1872 他在芝加哥成立了蒙哥马利·沃德公司，发行了首批商品目录。

1875 这位在顾客满意度调查上拔得头筹的先锋人物提出了"不满意可退款"的销售口号。

亚伦·蒙哥马利·沃德是一个推销员。1844年他出生于美国新泽西州的查塔姆，在很小的时候迁居到密歇根州。他的职业生涯开始于一家修鞋店，在那里他三年内就被提升为总管。

1865年，他搬到芝加哥，一开始在一家灯具公司工作，接着先后就职于两家材料销售公司。那时他就从事推销工作，去离市中心很远的地方努力获得订单，还要听客人的牢骚。他在外奔波的途中常在思考一个问题：把商品托运到乡村地区需要耗费大量时间，还得付给中介商一笔不菲的佣金。另外，货物质量常常没有保障，却也没有更好的解决办法。

于是沃德开始思考如何解决这些难题。他想到可以批发进货，然后本着薄利多销的理念，以优惠价格直接卖给终端客户，这样可以免除要付给中介机构的费用。订单可以通过邮寄送达，交付则约定在目的地附近的火车站进行。

1872年，在两位同事的协助下，他以1600美元的启动资金注册成立了蒙哥马利·沃德公司，并发行了第一批邮寄商品目录单，上面列有163项可购商品。一开始生意并不顺利，既由于客户心存怀疑，也因为当地销售商哄抬物价进行恶性竞争，他们怕沃德的低价策略有损他们的利益，就当众烧了那些邮寄商品目录。第二年，连他的合伙人都放弃了，但是沃德并不服输。1875年，他提出了"不满意可退款"的销售口号，就这样他渐渐赢得了美国大众的信任。

十年之后，被称为"愿望列表"的目录已经发展到多达240页，里面列有10 000种商品，是美国家庭的必备品。

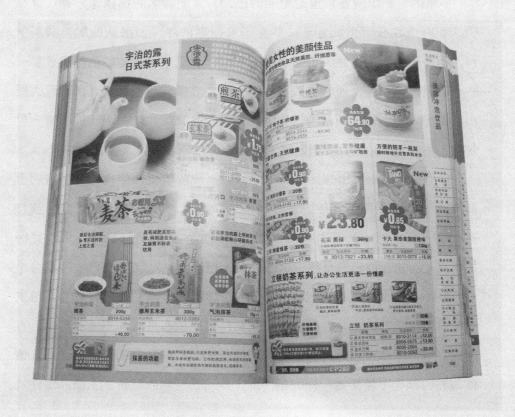

信箱

阿尔伯特 · 波茨 (Albert Potts)　　　　　　　　　　生卒年不详
菲利浦 · B.唐宁 (Philip B. Downing)　　　　　　　生卒年不详
乔治 · E.贝克 (George E. Becket)　　　　　　　　　生卒年不详

1858　阿尔伯特 · 波茨申请了信箱的专利。

1891　菲利浦 · 唐宁发明了一种新的信箱结构，可以防止已经投进去的信被人恶意取出。

1892　乔治 · E.贝克申请了家庭信箱的专利。

　　最早的信箱出现在17世纪中期的巴黎。发明者名叫雷诺德 · 德 · 瓦拉伊，当时他在城市里放置了一些盒子来搜集信件，如果从他那里购买信封，他保证能将信送达。可惜好景不长，一个竞争者在他的信箱里放了一些小老鼠破坏信件，同时也毁了他的生意。之后有两个世纪之久都没人提出类似的设想。信件还是被送到邮局，由邮差交给收件人，收件人来支付邮费。不过，1840年在英国诞生了邮票，这意味着寄信人要预付邮费。

　　首个信箱的专利由菲律宾人阿尔伯特 · 波茨取得，但他的发明有两个弱点：一是不能保护邮件，信件可能会被雨水淋湿，信箱也很容易被打开，别人可以把信放进去也可以把信取出来，人们的隐私得不到较好保护；二是不能保障邮递过程中信件完好无损。

　　为解决这些问题，菲利浦 · B.唐宁在1891年申请了另一项专利。他主要改良了信箱的构造，在他的设计下信件可以被塞进去却不能取出来，直到现在我们还在使用这种信箱：人们通过箱子上的开口把信件塞进去，信件落在内部一个像托盘一样的东西上，然后托盘向内翻转，上面的信件就滑落到了箱子里。这种结构能够保证信件的安全，水漏不进去，手也伸不进去。

那时，收信人已不再需要付费。1892年普罗维登斯人乔治·E.贝克申请了家庭信箱的专利，这种信箱体积小，可安装在住宅门里，上面有个开口，邮递员把信塞进开口里就可以了。如今一个多世纪过去了，但信箱所采用的构造和我们现在家里用的、路上设的依然是一样的。

邮票

罗兰·希尔爵士 (Sir Rowland Hill)

1795—1879

1837 罗兰·希尔爵士发表了一篇关于改革英国邮政制度的评论。

1839 议会将爵士的建议纳入法律条文。

1849 史上第一批邮票"黑便士"正式发行。

19世纪初，邮政服务系统早已建立，但信箱的使用仍不是很广泛。其原因不仅在于当时人们的识字率很低，更因为昂贵的邮寄费用。邮费根据寄达地的距离和信件的页数而定，由收件人支付。

罗兰·希尔爵士是一位英国发明家兼教师，他一直在努力寻找一种可以使邮政服务更加平民化的运营模式。他想，如果邮费只需一便士的话，就会有更多的人去寄收信件。另外，这些钱应该由寄信方而不是收件方来支付。

1837年，希尔爵士出版了《邮政系统改革：其重要性与实用性》一书，他在书里提倡改革邮政服务制度。1839年，英国议会通过了他的改革方案，将信件的邮费统一定为一便士，并委任希尔爵士去监督并实施改革。但整个改革需要一种能够表明邮费已付清的新方法。希尔爵士想，可以在信封上贴一小块印好的纸，且纸的背面能粘在信封上。

至于纸片上印什么，他宣布进行公开征选，并邀请了各界人士来提建议，最后共收到2600条提议。虽然没有一个被采纳，但他也从中得到了一些灵感，最终设计出史上第一款邮票——黑便士，上面印的是维多利亚女王十五世的头像。为了防止造假，它的底部做得十分特别，有一款类似小皇冠的水印图案。

　　改革从1840年起正式生效，"黑便士"成为所有重量在一盎司（14克）以下信件的付款凭证，不到1个月的时间就售出了60万张。1854年，希尔爵士被任命为大不列颠王国的邮政部门负责人，他死后被葬在西敏寺的修道院里，这是一种莫大的荣耀。而考虑到他的改革和发明对我们现在的日常生活有着如此重大的影响，这种荣耀是名符其实的。

明信片

伊曼纽尔·亚历山大·赫尔曼 (Emanuel Alexander Hermann) 1839—1902

1865 亨里奇·冯·斯蒂芬提出了邮递卡片的设想。

1869 伊曼纽尔·赫尔曼再次向奥地利邮政部门提出了发行"明信片"的建议，终被采纳。

1902 英国发行了世界上第一版背面分栏的明信片。

19世纪下半叶时，纸张和信封价格很高，更别提还要支付邮票的费用，邮递服务业一度很萎靡。因此需要一种更简单的方法，既能降低成本，又能增加寄件数量。

首个想出发明一种邮递卡片的人是德国皇家邮政负责人亨里奇·冯·斯蒂芬。这种卡片事先贴好了邮票且不用信封包装直接邮寄。1865年，在第五届世界邮政大会期间，他提出了改革方案。但当时他的提议被驳回，因为这侵犯了人们的隐私权：使用没有信封的明信片，就意味着任何人都能阅读到信上的内容。

就这样，邮政改革方案被暂时搁置。几年后，伊曼纽尔·赫尔曼再次向奥地利邮政系统提出了类似的方案。这次提议成功地被采纳。1869年10月18日，奥匈帝国邮政部门开始发行一种带有"通讯卡"说明的象牙色卡片，卡片上写地址的地方印有双鹰徽章，以及一张带有帝王头像的十字硬币图案的邮票（译者注：Kreuzer是旧时德国和奥地利的一种硬币，硬币上铸有十字），而另一面是空白的，留给寄件人写下寄言。

明信片发行之后的第一个月内就售出了150万张，它成为亲人和朋友间交流感情的一种经济的方式。最初那些明信片样式都很简单，图案很少，最多就是有个框架或是一个徽章。不过在取得成功之后，市场上就开始陆续出现一些新产品。有一些私人的出版社开始印刷明信片，上面印有一些丰富的图案和一些温馨的祝福话语。一开始邮寄这种非官方发行明信片的邮资和邮寄信件是差不多的，但不久之后，邮政部门同意对这种明信片实行减税政策。

不过，"背后分栏"的明信片是在30年后才出现的。这种明信片的一面是图案，另一面是用来写收寄件人的地址和寄语。1902年这种明信片首先出现在英国，也就是在那个时候出现了现代明信片。

电子信箱

雷蒙德·汤姆林森 (Raymond Tomlinson)   1941 —

1965 雷蒙德·汤姆林森毕业于麻省理工学院电子工程系。

1967 他进入BBN科技公司，并加入"阿帕网"计划进行研究工作。

1971 第一封电子邮件被发出，信的内容只有简单的一行字"QWERTYUIOP"，
也就是计算机键盘第一排的十个字母。

雷蒙德·汤姆林森是一名信息工程师，在博尔特·贝拉内克·纽曼
公司（即现在的BBN科技公司）工作，这是当时美国最著名的咨询公司
之一。

在那个年代，计算机只被用来做一些工程主框架的设计和纪录工作，
还不曾被用来沟通交流。虽然在一个团队里工作，但当汤姆森要跟同事说
什么事情的时候，从来都没有人及时接通电话。于是他想找到一种方法可
以用计算机进行信息传递和互动，这将会给团队工作带来很多方便。

其实当时已经有通过计算机传递信息的方法，但只是在同一台电脑的
不同使用者之间传递而已。前一个人在计算机上写下一些关于工作的内
容，然后下一个使用者就可以看到。不过，汤姆林森却想要在连接上同一
网络的不同计算机之间传递信息；每位用户都有唯一的身份标识，这样服
务器就能清楚地识别不同的用户。但是如何将用户和服务器的名称分开
呢？就在他思考这些问题的时候，他注意到在计算机键盘上有一个从未使
用过的键——@，于是他决定使用这个符号来隔开用户和服务器的名字。
后来，"@"逐渐成为全世界不同邮件服务器的标准分隔符。

汤姆林森发出第一封邮件，主题是"QWERTYUIOP"，也就是计算

机键盘第一排的十个字母；他发送邮件的地址是"tomlinson bbn-tenexa"，其中bbn是他所属公司的简称，tenexa是公司使用的操作系统。而我们今天所见到的".com，.uk，.net"，那时候还没有发明出来。

博客

戴夫·温纳 (Dave Winer)   1955 —
乔恩·巴杰 (Jorn Barger)   1953 —
埃文·威廉姆斯 (Evan Williams)   1972 —

1997 戴夫·温纳发明了能够线上发布博客（网络日志）的软件。

1997 乔恩·巴杰在自己的网站上创建了博客页面www.robotwisdom.com。

1999 埃文·威廉姆斯创建了blogger.com，这是史上第一个提供免费发表博客服务的供应商。

　　有很多人宣称自己是博客的发明者。当然，其中最有说服力的还是戴夫·温纳——RSS阅读器和博客之父。有了他的发明，人们才能够在网上发表日志。不过，第一个使用"网络日志"（web bolg）这个表达方式的是美国的程序设计员乔恩·巴杰，这个词语后来被简称为"博客"。他利用温纳发明的技术，在自己的网站（www.robotwisdom.com）上创建了一个博客，并在其中插入一些链接，针对各种议题写下简短的看法和评论，内容从对辣番茄酱的看法、对音乐的见解到针对不戴面纱的女人照片的评价等，涉及范围很广。

　　"博客"真正的爆炸式流行要追溯到1999年，这一年埃文·威廉姆斯发明了史上首个个人可以发布博客的网络服务器。独自生活在内布拉斯加的威廉姆斯饱受孤独之苦，但幸运的是他有一台电脑，并在20世纪90年代初同友人保尔·鲍斯和梅格·休利汉一起，成功创建了网站blogger.com。

　　这些发明者们仿佛生来就对电脑技术充满热情，但他们忽视了其中隐藏的一些巨大潜力，往往还有很大的创新空间：只要突破以往千篇一律的模式，那么在不需要任何网站创建技术的情况下，也可以在某个网站轻松

地开启属于自己的博客。后来博客网站的发明几乎是出于偶然：三个男孩创建了一个叫做Pyra的工程管理网络应用。当他们推广这个应用程序时，几乎完全使用网络进行交流。不是电子邮件、邮件列表或者论坛，而是用网络日志的形式在三人内部及公众间分享各种信息。他们很快就意识到这是一种新型的不可思议的交流形式，于是决定将这种软件公开，让大家可以随意地建立属于自己的博客。

从那时候开始，博客这种交流工具不仅改变了人与人之间的沟通方式，还引起了信息世界的变革：信息往往先在博客上流传，然后才会通过传统的渠道传播开来。

意大利的第一个博客是由安东尼奥·卡维多尼开通的，他通过blogger.com平台建设了自己的私人博客blogorroico。

网络摄像机

达涅尔·戈尔登 (Daniel Gordon)　　　　　　生卒年不详
马尔汀·约翰逊 (Martyn Johnson)　　　　　　生卒年不详

1991　昆汀·斯塔福德-弗拉塞和保尔·拉德茨奇发明了一种叫做 "X咖啡"
　　　的应用程序，用来在区域网上传递图像信号。
1993　达涅尔·戈尔登和马尔汀·约翰逊将网络摄像机连接到因特网上。
2003　剑桥大学的木马咖啡厅里出现了世界上第一个网络摄像机，终结了纯
　　　图片传播的时代。

　　1991年初，剑桥大学信息部门的研究者们遇到的大难题之一与咖啡壶有关。他们的办公室分散在不同的楼层，每当他们来到咖啡厅的时候，常常发现咖啡壶是空的。一壶美式咖啡需要很长时间才能准备好，这个不太具有学术性的问题却影响了研究员昆汀·斯塔福德-弗拉塞的学术研究。

　　就这样，为了让各个楼层的部门都能看到咖啡机的情况，避免不必要的 "扑空"，他们决定在每个部门的服务器上都连接一个全新的小摄像机。图像的信号通过一个叫做 "X咖啡" 的应用程序在区域网上传送，此程序就是斯塔福德-福拉斯特发明的。图像分辨率为128×128，是黑白图像，每分钟更新三次，这足以让所有的研究员在去木马咖啡厅（大家为这个咖啡厅取的代号）之前先确认一下咖啡壶里还有没有咖啡。

　　1993年，HTML程序设计语言出现，人们用它来建设和编辑网页，使用它便可以在网页中插入图片。部门里的另两名研究员达涅尔·戈尔登和马尔汀·约翰逊决定将网络摄像机连接到因特网上，并同时更新 "X咖啡" 应用，于是世界上第一个网络摄像机出现了。2003年，有上百万用户

登陆网站去看"木马咖啡厅"的图像。

新鲜的事物总是流行得很快：几年之内，就有几十万个网络摄像机被安装在世界各地。网络摄像机除了可以拍摄城市、广场、名胜古迹、旅游景点、机场、办公室和马路等地的影像，更重大的意义是拉近了人与人之间的距离，带给了人们前所未有的全新沟通和休闲生活模式。据英国《观察报》报道，网络摄像机被认为是与古列尔莫·马可尼所发明的无线电和古腾堡圣经有着同等重要意义的发明。

谷歌

劳伦斯·爱德华·佩奇 (Lawrence Edward Page)　　　　　1973—
谢尔盖·米哈伊·布林 (Sergey Mikhailovic Brin)　　　　1973—

1998 劳伦斯·爱德华·佩奇和谢尔盖·米哈伊·布林发明了谷歌搜索引擎。

1998 谷歌公司成立，初期公司总部设立于一个破旧的车库。

1999 两名创立者试图以100万美元的价格，向投资公司如AltaVista和直接竞争者如雅虎转让谷歌公司。

　　这个关于谷歌的故事要从1995年的春天开始说起。那年佩奇毕业于密歇根大学，布林则毕业于马里兰大学，他们的专业都是科学技术。当他们参加斯坦福大学的一个培训课程时，两人建立起了深厚的友谊和默契。创立谷歌搜索引擎的想法诞生于美国加州门罗帕克的一个旧车库里，那里就是他们公司的总部。而这个想法改变了他们的一生。他们开发了一种能够将搜索结果精确分类的引擎，它优于其他所有同类的搜索服务。

　　在那些年里，为了在数据库里建立索引和网站排名，各类搜索引擎都会设法计算用户输入网页关键词的次数。但佩奇和布林认为，不仅要统计那些出现关键词的相关网页，还要对来自相关网站的超链接进行计算，最后形成呈现给用户的搜索结果。他们的理由很简单，如果某个网站被其他网站多次引用和推荐的话，就说明这个网站肯定包含很多相关信息，所以必须先将它们列出来。

　　"Google"的名字是从"googol"演变而来的，这个词是数学家爱德华·卡斯纳首先提出的。1938年，卡斯纳开玩笑地让9岁的侄子米尔通·斯洛塔想一个名字，来表示1后面跟着100个0。于是，男孩儿就说了一个词：googol（后来成为数学术语，表示10的100次方）。他们选择这个词作为公司的名字，以示可以该引擎可搜集到浩瀚无穷的网络信息。

谷歌公司成立不久之后，因为缺乏周转资金，佩奇和布林尝试向各大投资公司和直接竞争者如AltaVista和雅虎转让他们的公司，开价100万美元。尽管大家都认为他们发明的"谷歌"搜索引擎比同类引擎要精确得多，但是没有人觉得他们的公司值这么大一笔钱。因此，被迫无奈之下，佩奇和布林不得不放弃大学学业，全心投入到事业上。现在，谷歌已经成为世界上使用频率最高的搜索引擎，每天都有高达数百万的访问者。

软盘

阿朗·菲尔德·舒加特（Alan Field Shugart）   1930—2006
戴维·诺布尔（David Noble）   1918—

1951　刚毕业的阿朗·舒加特被IBM公司聘用。
1971　阿朗担任IBM存储部门的主管，并开发了8英寸软盘。
1980　索尼公司生产经典款3.5寸软盘。

　　阿朗·舒加特于1930年出生于洛杉矶，他从工程学专业毕业第二天后即被IBM公司录用。几年之后他被调到开发新式软盘的团队里。他在IBM圣·约瑟实验室的第二年，戴维·诺布尔（工程研究公司的创立者之一，该公司后来被雷明顿·兰德公司收购）也加入了他的研究团队。

　　圣·约瑟实验室是美国当时最先进的便携存储器研究中心之一。当时磁盘刚开始流行，而IMB公司则在加紧研发一种能够储存数据、方便携带、价格低廉、易于更换的计算机存储设备，旨在简化客户的数据传送过程。

　　1967年，在舒加特团队里工作的诺布尔受命设计一种新型的便携存储设备。他从磁带想到了乙烯基盘的制造，又考虑到磁盘，他认为新的存储设备应该与现有的这些大型存储单元相似，但应由柔软的材料制成。他用了两年时间才找到合适的材料。1971年，IBM公司推出了世界上第一张软盘。这张软盘有8英寸大（20公分），容量是100kB，被一个带有保护盖的塑料外壳包裹着，首次使用时去掉保护盖即可。这是个巨大的成功，这也促使舒加特离开IBM，于1972年成立了自己的公司——舒加特联合公司，他迅速地向市场发售了这种价格低廉的8英寸软盘。

　　当时，最早的软盘读卡器是外置的，但当生产公司想将软盘和计算机合为一体时就出现了一个难题：需要一种体积更小的软盘。1976年，舒加特研发出5.25英寸软盘。在此之后索尼公司推出最经典的3.5英寸软盘才真正全面占领了存储设备市场，这种软盘被苹果公司用于后来的麦金塔计算机。

PowerPoint

罗伯特·加斯金（Robert Gaskins）   1950—

1984 罗伯特·加斯金用一种新的软件展示了一个文件，其最大特点就是内容的"要点展示"。

1987 PowerPoint发行了首个适用于苹果麦金塔计算机的版本。

1990 PowerPoint发行了首个适用于微软计算机上的版本。

　　罗贝特·加斯金是桑尼维尔州Forethought公司的一名年轻工程师，该公司位于高科技公司云集的美国硅谷。鲍勃（罗伯特的昵称）设想了一种具有革命性的产品，这款产品将会很好地为管理人员和销售经理们所用，而他们这群人当时对计算机的使用仍持有怀疑态度。

　　那时候，一定领域的商业展示都是用彩色记号笔写在透明的特质纸上之后，在投影机上投放。但当一些计算机程序，如档案编辑和电子网页出现之后，这种展示方式显然已经跟不上时代的步伐。加斯金认为，应该开发一种新的软件来提高文件展示的效率。未来的展示是电脑图示的时代，这需要一种简便且适合所有人使用的应用程序。

　　在他向潜在投资商推荐他所设想软件的展示文件里，就已经展现出让在场所有人高度重视的特质，其中就有著名的"要点列表"。直至今天我们除了写作前会列要点，大部分人思考问题时也会采用这种方法。他的幻灯片展示获得了圆满的成功：筹集到了300万美元的投资，还赢得了苹果公司的高度信任。此后，苹果公司对Forethought进行第一次的风险资本投资。

　　1987年，当PowerPoint首个适用于苹果麦金塔计算机的版本发行后，立刻引起了很大的反响。在短短几天内，营业额就超过百万美元。听闻此讯，身处西雅图办公室的比尔·盖茨惊讶地一下子从椅子上摔了下来。这是他没有想到过的一种新产品，这个产品将会大大削弱微软对苹果及其他软件生产商的竞争优势。于是，在PowerPoint借助苹果上市3个月后，比尔·盖茨豪掷1400万美元收购了Forethought公司及其PowerPoint产品。这是微软首个大型收购行为，Power Point和其他程序一起组成了Office程序包，成为了公司的主打产品，直到今天它仍然主宰着全世界的计算机。加斯金被任命为程序开发项目的经理。1993年3月，已经十分富有的加斯金离开了公司并搬到伦敦生活，之后又去了旧金山。

电子表格

达涅尔·辛杰·布里克林 (Daniel Singer Bricklin)   1951 —
罗伯特·法兰克斯顿 (Robert Frankston)   1949 —

1978 布里克林构思了一个能够进行复杂运算并输出数据的程序。

1979 1月，布里克林在法兰克斯顿成立了软件设计公司。

1979 6月，公司对外公布VisiCalc软件。

1978年春天，达涅尔·布里克林在哈佛商学院学习一门商务管理课程。坐在教室里，他总是默默地构想着一种能够自动编制预算和数据处理，而不用每次都要人工进行操作和编辑的计算程序软件。几个月后，在骑自行车去马莎的葡萄园时，他决定着手针对普通的苹果第二代计算机开发出一款计算软件，一旦编程完成后就可以直接出售。

找到合适的切入点并没有想象中那么容易。不过经过几次试验之后，布里克林开始在笔记本上设计一种满是横线和纵线的表格，今天这种表格已被我们所熟悉。每个小空格都包含一个数字，然后不同的空格根据指令完成计算。计算程序按照方格而不是里面的内容来进行操作。如果改变指令，计算机就会自动更新计算结果。他使用Apple Basic程序设计语言编写，花了一个周末的时间制作出这种电子表格的雏形，包含横线、纵线和一些算术操作。但是为了得到一个商业化的专业程序，还需要其他人的参与和帮助。

于是，布里克林叫来了毕业于麻省理工的好友罗伯特·法兰克斯顿。1979年1月，他们一起成立了软件设计公司，办公地点设在法兰克斯顿位于阿尔林顿的公寓里。他们没日没夜地工作，不时咨询一些教授，并在布

里克林硕士课程的研究课题上进行试验。5月，软件终于做出来了。不过这个世界上第一版VisiCalc（Visual Calculator的简称）不支持打印，也不能储存数据。就这样史上第一款电子表格诞生了。

　　他们并没有为这项发明申请专利，因为在20世纪80年代，还没有人为计算机程序申请专利。他们的创意被其他软件团体使用，一度被认为是每台电脑不可或缺的安装程序。就像VisiCalc的首支广告里说的：你们怎么可以缺少它？这也是现在很多人心中想说的话。

袖珍计算器

克里夫·马雷斯·辛克莱尔 (Clive Marles Sinclair)   1940—

1961　克里夫·辛克莱尔成立了辛克莱尔放射电子公司，后来更名为辛克莱尔研究有限公司。

1972　他发明并推出世界上第一个现代袖珍计算器——辛克莱尔执行者。

1973　他完善上代计算器的设计，又推出了"辛克莱尔剑桥"计算器，使其功能更加丰富。

　　最早的计算器出现于公元17世纪——德国人威廉·斯奇卡在1623年制造了最早的"计算时钟"。数学家布莱斯·帕斯卡尔在1642年也发明了一种计算设备叫做"帕斯卡林娜"，这是为了帮助他的税务官员父亲算账，但那台计算器唯一能胜任的就是加法计算。

　　最早的穿孔卡片电子制表机是在1882年出现的，发明者是赫尔曼·赫尔瑞斯。第一台印刷计算器叫做"自记计算器"，出现于1884年，发明者是多尔·菲特。但它们都是一些很笨重的机器。20世纪50年代，IBM推出了一款电晶体计算器。不过，这种计算器仍然要在人们的书桌上占据很大的空间。到了70年代，晶片的出现给计算器历史带来了一个质的飞跃。

　　1971年，夏普公司推出了第一款袖珍型计算器——夏普EL-8，其重约半公斤。相对于十年前那些产品来说，这已经算是超轻了。但要想装入口袋，显然它还是太重了。不过，革命性的计算工具终于在次年出现了。1972年，英国人克里夫·辛克莱尔天才地发明了一种只有一公分厚的计算器——辛克莱尔执行者，其具体尺寸是56mm×138mm×9mm 。与之前出现的所有产品相比，它无疑是独一无二的。

1973年，辛克莱尔不断改良自己超群的发明，并很快推出了"辛克莱尔剑桥"计算器，它的体积之小简直可以称为奇迹，设计的革新程度也令人难以置信。它带有一个液晶显示屏，轻便实用，比一年前的那款计算器更具有可操作性。更不可忽视的是，它的低廉价格具有极强的竞争力。这款产品获得了巨大的成功，并同时带来了一场大众电子产品的革命。从那之后，计算器从原本很昂贵的一件物品变为办公室和家庭的必备品。正如辛克莱尔所预想的那样，他终于为那些想把计算器放进口袋的人发明了一种极便携的计算工具。

银行

让二世·勒迈埃·布锡柯尔特 (Jean II Le Meingre detto Boucicault)
1364—1421
和八位热那亚商人一起创立了银行

1381　在奥伽战争中，威尼斯共和国战胜了热那亚。

1407　为了重建毁灭的城市，热那亚商人在圣·乔治建立了"购物之家"。

1408　银行开始汇集公共储蓄。

14世纪末期，被威尼斯战败后，热那亚的公共财政一蹶不振。1396年，热那亚共和国公爵安东尼奥托·阿多尔诺向法国卡尔洛斯六世投降，并向其让出自己的头衔。法国国王派出官员前往交接，其中就有让二世·勒迈埃·布锡柯尔特，他被历史学家评为中世纪最重要的骑士之一。为了处理大量经济实体面临破产的问题，1405年勒迈埃推行了彻底的公共债务改革。接着在1407年，他创办了一个独立的金融机构，参与其中的还有热那亚重要的八大家族，其中有丘斯提尼亚尼家族、洛梅里纳家族、斯皮诺家族和格里马尔蒂家族。就这样，圣·乔治的"购物之家"诞生了。当时，几乎所有的债权人都同意向其转让买卖特权。

"购物之家"的总部设在圣·乔治大楼里，它的遗址直到现在仍有迹可循。一年后，为了简化集资手续，他们开设了一个柜台进行现金的存放、流通和借贷操作，这绝对是世界上的首创之举。那是一场彻底的革命。当时的银行家们都是一些富有的商人，他们纷纷将经商赚来的钱借给热那亚的贵族。于是，圣·乔治的柜台上诞生了一种新的集资模式，这是第一个在民间直接进行储蓄搜集的信用机构。他们除了在机构外还通过一些工作台或者是公共设立的柜台进行交易，有时候也在城市里的主要广场上办手续。大部分公共资金都是热那亚共和国支付的，但因为政府经济形势不容乐观，后来这笔资金主要来源于公民的个人储蓄，这对财政系统来说可是一次很大的革新。

自从圣·乔治的"购物之家"建立以后，政治和经济之间的关系日益紧密，直到今天依然如此。由于政治需要，银行逐渐地掌握部分权利，这使得它与城市之间的关系变得难舍难分。这项改革显然是成功的。热那亚的经济复苏了，金融产业也繁荣起来，还衍生出今天我们再熟悉不过的金融系统——银行。这项社会活动一度在1445年中断，之后又在1531年重新开始，最后于1805年彻底结束。1987年，圣·乔治银行的标记又被重新用在一个新的机构上，使用的是相同的名字，后来从2007年开始它被并入意大利人民银行（UBI）。

信用卡

食客俱乐部：由法兰克·麦克纳马拉、拉尔夫·施耐德和艾尔弗雷德·布卢明代尔创立
(Diners Club: Frank McNamara, Ralph Schneider & Alfred Bloomingdale)

1949 在一次工作晚餐快结束时，法兰克·麦克纳马拉发现自己没带钱包。

1950 他连同两个合伙人，即和他一起吃饭的两位朋友建立了"食客俱乐部公司"。

1952 他认为信用卡的流行只是一时的，因此将自己的股份卖给了合伙人。

法兰克·麦克纳马拉是哈密尔顿信贷公司的负责人。1949年的一天晚上，他出去和他的法律顾问拉尔夫·施耐德，以及在马雅思烧烤屋（纽约一家著名的饭馆）的会员朋友艾尔弗雷德·布卢明代尔一起吃饭，讨论和客户之间出现的问题。吃完饭该付钱时，他才发现自己忘了带钱包。他尴尬极了，只得打电话给妻子并等她把钱包送来之后再买单。这件事一直留在麦克纳马拉的脑海里，他想这种尴尬的事情再也不能发生了。

那时候已经有记账卡，但这只是为买一种产品或者与某一家店定下的协议，比如那种用来买燃料的卡。这种卡表示客户获得了充分信任，客户还可以提前消费。于是，麦克纳马拉开始投入工作，开发一种可以在任何地方使用的信用卡，而不仅仅局限于一种产品或是一家店铺。这样的话，即使人们忘带钱包没有现金买单，也可以出示卡片来支付。他和施耐德及布卢明代尔讨论了这个想法，并于1950年共同创建了一家新公司，叫做"食客俱乐部"，取这个名字正是为了纪念那顿忘带钱包的尴尬晚餐。

第一张信用卡完全是纸质的，几年之后才出现塑料卡片。这种信用卡

为那些请客吃饭的生意人带来便利，他们请客户去餐馆吃饭，但不一定要携带现金或者只能去固定的一个地方。"食客俱乐部"充当着媒介的角色：卡片的所有人只需要付钱给"食客俱乐部"，然后由"食客"去支付给不同的餐馆。用户每年要花3美元的卡片使用费，那些合作的餐馆也需要按客户消费额的一定比例向"食客"支付费用。

第一批"食客"信用卡的合作对象是14家纽约的餐馆，餐馆名列在卡片的背面，共分发给约200位客户，其中大部分是麦克纳马拉的朋友。在经历了起步阶段的困难期之后，他们的公司发展迅速：一年之内，就发展了两万名"食客"信用卡用户。到第二年年底，他们共盈利6万美元。但麦克纳马拉在1952年将自己的股份以20万美元的价格卖给了合伙人，因为他不再相信自己的这项发明会有美好的前景，其实他错就错在没有给它更多的信任。

阿司匹林

菲利克斯 · 霍夫曼 （Felix Hoffmann）   1868－1946

1894 年轻的药剂师菲利克斯 · 霍夫曼被拜耳公司雇用。

1897 霍夫曼合成了纯乙酰水杨酸。

1899 阿司匹林成为注册商标，并投入批量生产。

　　杨柳树树皮包含的汁液具有镇痛效果的说法早在医学之父希波克拉底时代就为人熟知了。希波克拉底曾经用这种汁液来制作注射剂。在中世纪，饱受疼痛折磨的人也会服用这种汤药。

　　1894年，毕业于化学和药学专业的年轻人菲利克斯 · 霍夫曼被拜耳公司雇用并进入实验室。他首先关注于镇痛的原理，接手了查尔斯 · 弗雷德里克 · 杰哈特多年前开始的研究工作。1853年，查尔斯 · 弗雷德里克 · 杰哈特曾经研制出一种乙酰水杨酸产品，但并未被病人接受。

　　在当时，水杨酸来自于合欢子的提取物，其成本与杨树皮汁液相比要便宜十几倍。这位年轻的化学家想要找到一种可靠的镇痛药物，它得更适合病人服用，以缓解父亲多年来遭受的病痛之苦。在多次试验之后，1897年8月，他将两种经过乙酰化的酸结合在一起，终于成功地化合成了乙酰水杨酸，其化学性质纯净而稳定。

　　拜耳公司决定全面投资于这项新发明。霍夫曼立即着手实验以确保药物的疗效和临床耐受性，他在当时世界上医药行业的顶尖实验室进行了一系列实验。在完成了进一步测试后，公司的领导人决定将其批量生产，并投入药物市场。于是1899年1月，阿司匹林正式上市了。阿司匹林（Aspirin）的名字是由多部分组成的：前缀 "a" 和 "spir" 表示乙酰类物质，取自"绣线菊类植物"（spiraea，用来提取水杨酸）一词；后缀"in"，通常被用来命名药物。果然，阿司匹林一上市就获得了前所未有的成功。

菲利克斯·霍夫曼随即被任命为拜耳公司制药部门的负责人。1928年，当他退休时阿司匹林已经是世界上最著名的药品之一了。1919年，在战后协议《凡尔赛条约》的部分条款中，战胜国要求德国放弃阿司匹林这一著名止痛药注册商标的所有权，以作为战后补偿的部分条件，由此可见阿司匹林的巨大影响力。

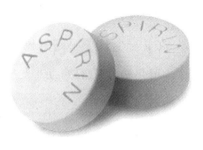

隐形眼镜

约翰·赫谢尔（John Herschel）   1792—1871

欧根·弗里克（Eugen Frick）   生卒年不详

凯文·图奥（Kevin Tuohy）   1919—1968

1830 英国物理学家约翰·赫谢尔想利用明胶制成的模具做出一种能与眼睛完美贴合的眼镜片。

1887 欧根·弗里克，一位瑞士眼科专家，制造出世界上第一副精确、超薄且可以与眼睛直接接触的眼镜。

1947 凯文·图奥申请了聚甲基丙烯酸甲酯角膜接触镜片（也被叫做硬性隐形眼镜）的发明专利。

    世界上首个萌生发明隐形眼镜想法的人是英国物理学家约翰·赫谢尔，他是伟大的天文学家弗雷德里克·威廉（他和姐姐卡罗丽娜一起发现了天王星）的儿子。1820年，赫谢尔在做散光研究时发现，视力问题能够通过平衡角膜的扭曲度来缓解。他首先想到的是，可以以明胶为材料，做出与眼睛完美贴合的模型，但是没有证据表明他的想法是切实可行的。

    几年后，第一个具体的研究成果得归功于聪明能干的瑞士医生欧根·弗里克。弗里克在1887年发明了世界上第一副精准、超薄且可以与眼睛贴合的隐形眼镜。他先做了一个兔子眼睛的模具，接着制造出隐形眼镜，并在自己身上做实验。可是戴着它们简直难受极了，只能忍受两个小时左右，因为镜片实在太重了。

    为了研制出轻便实用的隐形眼镜，必须使用塑料材料。这就得说到下一位发明者——凯文·图奥，他于1947年申请了聚甲基丙烯酸甲酯角膜镜片（硬性隐形眼镜）的专利。这种硬质隐形眼镜只覆盖住了部分角膜，而不是像之前那些隐形眼镜一样盖住整个眼睛，因此避免了镜片太重造成不适的问题。这项发明遭到塑料隐形眼镜公司盗用，于是图奥将其告上法庭。这项侵权案最终以该公司购买图奥的专利权而结束，他们每售出一副隐形眼镜就要付给图奥50美分的版权税，直到1967年专利权失效为止。

之后做出关键贡献的是两位来自捷克斯洛伐克的药剂师奥托·韦奇特勒和德拉霍·林。1961年，因为没有其他可用设施，他们用美嘉诺儿童玩具组装成的装置神奇般地发明了"软性隐形眼镜"。不知出于怎样的考虑，捷克斯洛伐克科学院随后将专利权卖给了美国国家专利发展公司，博士伦公司又购买了专利权，并于1971年正式推出了第一款软性隐形眼镜。

输血

奥斯瓦尔德·罗伯特森 (Oswald Robertson)　　　　　　1886－1966

查尔斯·德鲁 (Charles Drew)　　　　　　　　　　　　1904－1950

1818　英国妇产科医生詹姆斯·布伦德尔通过输血的方法抢救了一名产后大出血的妇女。

1917　奥斯瓦尔德·罗伯特森使用柠檬酸和葡萄糖处理法来保存鲜血。

1939　查尔斯·德鲁将血浆从红血球、白血球和血小板中分离出来，用冷冻法保存鲜血。

　　英裔美国人奥斯瓦尔德·罗伯特森是一名年轻的军医。1917年，他大学毕业仅仅两年后就被派遣到法国阵地前线的急救部门，负责抢救休克的伤员。大部分士兵都是因失血过多而死亡的，即便受伤后立即接受了外科抢救手术最后也难逃一死，因为他们在被送往医院的途中失血过多。在罗伯特森看来，血液应该是可以冷藏保存的。

　　1917年11月，罗伯特森用两个军用医疗箱做了一个手提小冰箱，用它从营地运了22袋血到战地去，那里有一些加拿大士兵已经处于休克状态，因为生命体征太虚弱所以不能对他们进行任何处理，只能等待医护人员前往抢救。最后，靠着罗伯特森带来的血袋，他们之中有一半人幸存下来，这让他倍受鼓励。接着上司就委任他召集一些年轻军官组建一支输血救援队。不久之后，输血就成为一种很普遍的医疗手段。为了简化抢救工作，他设立了一个鲜血搜集储备中心，分类保存鲜血，为手术做准备。

　　1938年，一位年轻的非洲裔美国医生查尔斯·德鲁开始在哥伦比亚大学长老医院的实验室里进行一系列输血实验。他发现血液可以被分离为

两个成分不同的部分：一部分是血浆，流质体，不含细胞；另一部分是细胞体，包含红细胞、白细胞和血小板。他将鲜血的这两部分分离开来冷冻保存，这样鲜血就可以保存七天而不变质。如有需要，则可以将这两部分溶合起来重新得到血液。1939年，德鲁说服哥伦比亚大学开设史上第一个血库。后来，美国海军和陆军部队委任他为国家研究理事会副主任。但他在美国北卡罗来纳州一场严重的交通事故中不幸离世。有消息披露称，当时一家医院以他不是白种人为由拒绝为他输血，这才造成了他的死亡。

避孕药

格雷戈里 · 葛德文 · 平卡斯 (Gregory Goodwin Pincus)　　1903－1967

1953　社会活动家玛格丽特 · 桑格和慈善家凯瑟琳 · 麦考密克请求格雷戈里 · 平卡斯博士帮助开发一种能够控制生育的药物。

1956　平卡斯对波多黎各的女性进行了大规模的测试，她们是史上最早试用孕激素避孕药丸的人。

1960　世界上第一种避孕药"艾诺文"正式上市。

1916年，社会活动家兼护士玛格丽特 · 桑格在布鲁克林开办了美国第一家避孕诊所，这一举动公然挑战了1873年颁布的禁止采取避孕措施的法律。此举是由于她曾经眼睁睁地看着一位患者，因为非法堕胎手术而死在她的怀里。从那之后她便立志要改善女性的生存环境，杜绝类似的悲剧再次发生。

1953年，她和一位志同道合的朋友凯瑟琳 · 麦考密克（一位杰出的俄罗斯裔生物学家）一起向格雷戈里 · 平卡斯博士求助，请求他帮助开发一种可以控制生育的药物。平卡斯接受了麦考密克4万美元的资助，和同事张明觉（最先被誉为"试管婴儿之父"的华裔科学家）一起开始了避孕药物的研究。他们先给动物持续注射黄体酮素以阻止排卵，结果得到了两种可用的口服避孕成分：炔诺酮和异炔诺酮。在著名生育专家约翰 · 洛克博士的帮助下，平卡斯将合成的孕激素在马萨诸塞州的妇女身上进行试验，结果显示她们的身体状况良好。1956年，两人开始在波多黎各的女性身上进行大规模的实验，她们是史上最早试用孕激素避孕药丸的女性。当时孕激素的含量约是今天的40倍。

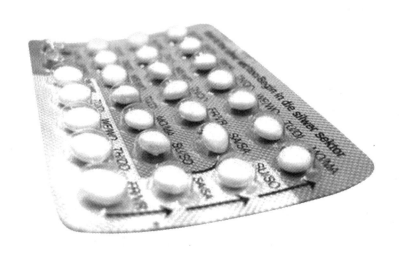

　　1960年，市场上出现了第一批避孕药，每颗药丸含有100～175微克雌激素和10毫克孕酮。在两年的时间里，就有超过100万名美国女性开始使用这种避孕药。第一种避孕药叫做"艾诺文"，它的流行是因其能够帮助女性控制自己的性生活。1962年，新德克斯制药公司推出了以"炔雌醚"为名的避孕药丸。

　　避孕药并未在全世界很快地普及开来，因为它不仅受到宗教方面的指责，还受到一些机构的坚决抵制。在意大利，避孕药从1967年开始销售，但仅作为一种治疗用药出售。直到1971年，才作为避孕药出现在药店里。避孕药是医药行业的一项伟大发明，它被认为是一种社会调节剂。因为它的出现，女性们才得以从母亲的单一角色中解放出来，享受属于自己的自由，而不是一味地服务于男性。

幼儿园

弗烈德里奇·弗洛贝尔 (Friedrich Froebel)　　　　　　　1782—1852

1805　弗烈德里奇·弗洛贝尔被一所学校雇用为教师，从此开始与约翰·佩斯泰洛奇及其思想有所接触。

1808　他来到瑞士的伊维尔冬学习佩斯泰洛奇的教育思想。

1837　弗洛贝尔开了第一所幼儿园，他认为玩耍是孩子们生活的中心。

众所周知，孩子生来就要玩耍。当他们开始上学的时候，任务变成了学习和玩耍。但是上学之前，在幼儿园里孩子们除了玩还是玩。到19世纪为止，孩子们接受到的儿童教育还是十分死板的。大部分父母认为玩耍是在浪费时间。

19世纪初开始流行一种新的教育文化，这股风潮起源于著名哲学家让-雅克·卢梭的教育思想。他主张"预科教育"不仅应该包括美德的培养，还要通过安排一个紧凑的教学过程来避免孩子们过度地自由发展而养成的恶习。

1805年，一个来自德国的年轻小伙子弗烈德里奇·弗洛贝尔在法兰克福获得了教师的职位。他所在的学校十分推崇瑞士儿童学家约翰·佩斯泰洛奇的教育思想和方法。这位教育学家开设了很多机构，亲自对卢梭的革新思想进行试验。弗洛贝尔深受其理论的吸引，开始思考儿童的教育问题。他认为玩耍也是一种学习途径，它应该成为培养儿童过程中必不可少的一门课，并且这对于那些处于幼年期的孩子们尤其重要。在换了几所学校和城市之后，1837年这位年轻的教育家决定将他的构想变成现实，于是在图林根州的巴特布兰肯堡成立了历史上第一所幼儿园。

  他的幼儿园（kindergarten，童年的花园）接收三四岁的孩子，孩子们在幼儿园里被安排唱歌、讲故事和多种激发他们天赋的游戏。弗洛贝尔认为通过游戏，孩子们能够更直接地表达他们深层的想法和需求，而且学习如何与他人相处并保持良好的关系。他们观察教师的行为，然后学习和模仿。弗洛贝尔在1843年出版了一本书，叫做《妈妈的歌声、游戏和故事》，书中收集了学校里教授的一些针对幼年儿童的歌曲和游戏。他的教育理念很快就为人们所熟知和认可，尽管这受到普鲁士政府教育部长卡尔·文·郝门的反对，这位部长甚至在1851年强制关闭了所有的幼儿园，但对弗洛贝尔来说依然是成功的。他的教育理念最终战胜了偏见。在接下来的几年里，社会上又出现了一些幼儿园，一开始是在英国，后来在美国（受到德国移民的影响），最后扩散到全世界。

婴儿车

威廉姆·肯特（William Kent）   1685—1748

1733　建筑师威廉姆·肯特为德文郡公爵的孩子们设计了一种轻便的儿童车。

1889　威廉姆·亨利·理查德森申请了可转向行驶的婴儿车专利。

1967　欧文·麦克拉伦制造了可折叠式婴儿车。

　　1733年，英国建筑师威廉姆·肯特被授予一项不同寻常的任务：威廉姆·卡文迪西三世，即德文郡公爵要求他为自己的孩子们设计一种方便的交通工具。

　　当时，肯特因为设计花园而闻名，他对公爵的要求感到很好奇，开始考虑将大马车缩小——这种车由与载物重量相应的动物拉着前进。他用柳条做成了一个贝壳形状带轮子的篮子，孩子们可以舒服地坐在里面，由小马、小羊或者小狗拉着走，不过要有大人陪同。这种车最初是专门给贵族家庭设计使用的，不久，它就成为一种时尚。在之后大约150年的时间里，人们一直仿照最原始的款式制造婴儿车。不过，是由父母或者保姆推着他们，而不是像建筑师最初设想的那样由小马和小羊拉着。

　　很快，婴儿车就有了新的改良。1889年，在大西洋另一边的巴尔迪莫拉，威廉姆·亨利·理查德森设计了一种可以将摇篮转向推车者的新型车轮，并申请专利。他的这项改良明显提高了婴儿车的灵活机动性，然而直到20世纪第一次世界大战之后，新型婴儿车才在中层阶级流行开来，从20年代初开始普及至大众家庭。那时的婴儿车不仅款式好看，而且几乎每个细节都被考虑到了。然而，它还是有一个巨大的缺陷：太过沉重。尽管经过了持续不断地改良，但大部分集中于外观上而不是实用性上，因此重量方面的缺陷一直到20世纪60年代才有所改善。

最终解决这个问题的是一位名叫欧文·麦克拉伦的航空学家，他同时也是一位父亲和爷爷。他的女儿在旅行归来之后，对婴儿车太重的问题抱怨不已。1965年，他在女儿的要求下开始研发新型的婴儿车。麦克拉伦根据自己在工作中累积的关于材料的知识，设计了一种铝框架的婴儿车，它不仅轻巧，最重要的是还可以折叠。不久后他就成立了一家公司，直到今天还在使用他的名字。1967年，这种全新设计的婴儿车B-O1（宝宝越野车一号）投入生产，这是史上首个在世界范围内销售的婴儿车系列。

泰迪熊

莫里斯·米奇汤姆和露丝·米奇汤姆　(Morris & Rose Michtom)
生卒年不详

1887　莫里斯·米奇汤姆为了逃离大屠杀移民到美国。
1902　罗斯福在一次狩猎中放走了一只熊。米奇汤姆夫妇便开始生产熊玩具。
1904　泰迪熊成为共和党的吉祥物。

1902年，美国总统西奥多·罗斯福无意间促使了一种孩子们最喜爱的玩具的诞生。

罗斯福是狩猎银尖熊的专家，他参加了密西西比的一次围猎行动。他们守候很多天以等待猎物，无论等待多么漫长，猎物总是让狩猎者期待的。组织围猎的狩猎者霍特·科里尔在几只狗的帮助下，有意将熊逼到了总统所在的区域内。整个过程持续了很长时间，当他终于将熊逼过去时，罗斯福却已经离开守地去吃饭了。但是科里尔还是想取悦总统，于是他将熊抓住，将它弄晕然后圈在一棵树上，等待罗斯福回来。虽然罗斯福因此对科里尔的能力留下了深刻的印象，但他还是决定不杀那只毫无反击之力的熊。因为有些记者随行，所以这件事很快就见报了。《华盛顿邮报》刊登了一篇文章，讲述了整件事的经过，并在头版以漫画的形式记录了总统赦免熊的过程，漫画中的小熊被画得像一只可爱温顺的小狗。

莫里斯和露丝·米奇汤姆夫妇也是那篇文章的众多读者之一，他们是居住在布鲁克林的犹太人，经营一家糖果店。莫里斯建议妻子照着报纸上小熊的样子缝制一只小布熊，露丝照着他的话做了。一天之后，一只可爱的小熊做成了，代替小熊眼睛的是两颗小纽扣。他们把小熊摆在橱窗里，

并给它贴上了标签：泰迪熊。为表示对总统的尊敬，他们用罗斯福的小名"泰迪"为它取了名字。

令米奇汤姆夫妇惊喜的是，在他们摆出小熊的当天，就有十几位客人来店里要求购买多只小熊。这对夫妇害怕激怒总统，于是立刻寄了一只小泰迪熊到白宫，希望能得到准许，为它正式取名为"泰迪熊"，很显然这个名字对销售很有帮助。没多久，莫里斯和露丝就因为无力应对接踵而来的订单而决定成立一家公司——理想新型玩具公司，专门生产泰迪熊。他们的客人之一就是共和党。在1904年的选举中，共和党将泰迪熊定为其党派的吉祥物，此后在每次的官方集会中他们都会给来宾派发小熊。

电动小火车

乔舒亚·莱昂内尔·科文（Joshua Lionel Cowen）   1877—1965

1884 乔舒亚·莱昂内尔·科文7岁时便自己制作了一台玩具小火车。
1892 科文成立了自己的公司——莱昂内尔制造有限公司，生产出史上第一个电动小火车。
1903 科文开始研究真火车的微模型。

    乔舒亚·莱昂内尔·科文出生于一个犹太家庭，之后定居在美国纽约。他在很小的时候就展露出卓越的动手能力。7岁时，他自己做了一个玩具火车，并在木制的火车头里插进一个小小的喷气引擎。最后引擎爆炸，毁坏了家里的厨房。然而，这个小发明对于他的人生非常有启发性。

    科文的实际操作能力很强。从库伯联合学院毕业后，他开始进行一些电力方面的发明研究。18岁时，他申请了一个照相机模型的专利。这个发明给他带来了一些零散的收益，这样他能够继续进行电器方面的实验。1898年，他又发明了手电筒。由于对这个发明不甚满意，他将专利权卖给了康拉德·休伯特，后者靠此专利大获成功，成为一名百万富翁。

    因为对科学怀有极大热情，小火车模型这一属于他的真正成就终于在几年后姗姗来迟。在德国的马尔科林公司推出第一批弹簧小火车模型之前，科文就坚信，他将因电动小火车模型而获得成功。1892年，他成立了莱昂内尔制造公司，制作出了第一个靠电池驱动的小火车模型。他将模型卖给了一个店主，这位店主想通过橱窗里的小火车来吸引行人的注意力。但没想到的是，客人并不想购买他展示在橱窗里的产品，反而对小火车更有兴趣。于是在短短几天内，他又向莱昂内尔订购了六个小火车模型。

1903年，科文制作出了首个真火车的模型。这位大发明家在制造发明和产品更新上倾注了大量的精力，但其实他还非常擅长市场营销——他将小火车和圣诞节完美地结合在了一起。在德国，自古就有在圣诞节赠送小火车的习俗，而科文将此习俗发扬光大。1920年，他说服一些大卖场的老板在装饰店铺的圣诞树周围摆上他设计的塑料阶梯，让他的小火车模拟真实运行的场景，在路口处鸣笛并在靠站时亮起指示灯。自那以后的很多年里，火车微模型都是孩子们最想要的圣诞节礼物，莱昂内尔也因此成为20世纪50年代世界上最伟大的玩具大亨。

掌上游戏机

横井军平 (Gunpei Yokoi)

1941－1997

1955　横井军平受雇于日本"任天堂株式会社"。

1970　横井军平进入游戏开发部门。

1989　他任"任天堂"游戏开发部经理期间，发明了电池驱动的掌上游戏机 Game Boy，这曾是世界上销量最高的游戏机。

　　横井军平于1941年出生于日本京都。1965年，他从同志社大学工学部电子工学系毕业后，立刻被"任天堂株式会社"聘用。他是首个"任天堂"工厂里聘用的负责维修的技术人员。他所在的工厂生产当时流行的"花扎"游戏纸牌。1970年，时任社长山内博在巡视该工厂时，对一个简单的机械臂玩具很好奇，那是横井军平闲来无事时拿来消遣的玩具。于是山内博让横井军平将其改良成一种正式产品，在圣诞节期间出售。经过改良后的"超级怪手"获得了令人难以置信的成功，一经上市就创下120万只的销量纪录。社长山内博因此对横井军平印象深刻，遂任命他为游戏开发部的负责人。

　　有一天，横井军平在火车上观察到一位乘客因为旅途无聊，便开始玩自己的计算器。这个举动引起他的思考。当时新型的电子设备正霸占着市场，于是他想趁此机遇开发一些相关的游戏产品。他的第一个成果就是Game & Watch，即Game Boy的前身。

　　作为部门经理，横井军平工作很出色。他善于挑选优秀的人才，在短短几年时间内，就为自己的部门选拔了一批能干的年轻工程师，帮助他一起开发了史上首批畅销的电子游戏：金刚和马里奥兄弟。不过，他的代表

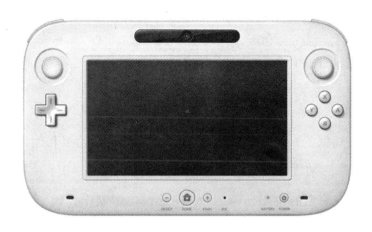

作此时还未横空出世。之后，横井军平带领着他的工程师们一起研发一种新的产品——便携式游戏机，其成本低廉，玩家可以反复玩游戏并永久收藏。同时，他们还开发了一系列游戏产品，很好地迎合当时新型电子市场的需求，将"任天堂"引向了成功之路。就在1989年，值公司成立百周年之际，"任天堂"推出了最新款的携带式电池游戏机——Game Boy，并配有世界上最著名的游戏之一—— 俄罗斯方块，他们在前一年已经购买了该款游戏的专利使用权。不久之后，他们推出了适配Game Boy的"超级玛丽"游戏卡，在推出的第一年就销售1400万张，这在当时简直就是天文数字。正是横井军平创造了"任天堂"的游戏神话。

动画

埃米尔·科尔（Émile Cohl）   1857—1938

1896　乔治·梅里埃发现并开始尝试一系列电影特效技术。

1905　埃米尔·科尔是一名漫画家，他开始在法国"高蒙"工作。

1908　科尔制作出了第一部动画电影《幻影》。

埃米尔·欧仁·让·路易斯·顾尔旦，笔名为埃米尔·科尔，是巴黎一个年轻的漫画家。19世纪末期，他为一些风格诙谐的报刊创作漫画。除了对漫画充满热情之外，他很小的时候就对摄影和电影很有兴趣。1905年，他被当时最著名的电影公司之一——法国电影制作公司"高蒙"聘为编剧。

科尔不仅是编剧，还是演员和摄影师。很快，他就发现可以将他最爱的漫画和电影新技术相结合，使他的漫画动起来。1908年8月17日，吉纳斯歌剧院首映了动画《幻影》，它是史上第一部动画电影。这部电影的主人翁是一只木偶"Fantoche"（意大利语"木偶、傀儡"的意思），这个手绘的小木偶在屏幕上向观众展示了一系列鲁莽的冒险经历。

虽然整部电影时长仅1分钟40秒，但是为了它科尔画了大概700张图稿。这700张漫画图稿是最终成片的每一帧画面（当时电影的放映标准为每秒16帧图像），通过机器投射，最终形成在视觉上是连续运动着的画面。作者用黑笔将每幅场景绘制在纸上，然后每张图都被摄制在负片上，最后出来的效果便是黑底白画，即看上去以黑板为背景，其风格类似于歌剧院里同类节目中出现的黑板粉笔画。从此，一种新型的娱乐形式诞生了。1908－1921年，科尔绘制并制作出300个电影短片，其中大部分都是动画。尽管他未曾从自己的发明中获利，但他已开辟了一个新时代。20世纪10年代，帕特·苏利文创造了"菲利克斯猫"系列动画，这个系列作品在接下来的十几年里将他的事业推向了高峰。在20年代到30年代期间又出现了一系列我们耳熟能详的动画角色：沃尔特·迪斯尼推出了米老鼠、布鲁托和唐老鸭的动画形象；奥地利卡通漫画家马克思·费舍莱在美国创造了大力水手和迷人贝蒂的卡通动画形象。

漫画
鲁道夫·托普菲 (Rodolphe Töpffer) 1799－1846

1827 鲁道夫·托普菲为自己和学生们画了《老木先生的故事》，该漫画于
1837年出版。

1832 歌德发表了一篇文章，大大赞扬了托普菲的画作。

1835 《亚伯先生的故事》在各大书店上架销售。

　　鲁道夫·托普菲于1799年出生在瑞士日内瓦，他年轻时搬到法国巴黎居住，在那里他潜心学习和研究自己热爱的文学和绘画，继承了他的画家兼漫画家父亲的事业。完成学业后，托普菲回到日内瓦，并在那里开办了一所学校。

　　与孩子们的日益亲近以及对绘画创作的热情，给了他创造一种新型故事模式的灵感，于是他将图画与文字结合在一起。1827年，他创作了史上第一个漫画故事作品《老木先生的故事》。整个故事大约有三十几页的篇幅，每页有六幅画。托普菲并没有想要出版，而只是当作一种消遣，画给朋友和熟人看看而已。托普菲的这个漫画作品被认为是将文字和图画相结合的惊人杰作，但谦虚的他几乎羞于承认这一点。

　　在完成第一个漫画作品之后，托普菲又画了很多，但是都没有机会被朋友圈子以外的人认可。托普菲有一个叫费德里科·索雷特的朋友，1830年他向托普菲借了两幅漫画并展示给自己一个杰出的朋友——约翰·沃夫冈·冯·歌德。歌德立刻爱上了这些生动的漫画故事，他把自己的喜爱之情都写在一篇名为《鲁道夫·托普菲的铅笔绘画》的文章里，这篇文章在1832年他离世后才得以发表。这位著名诗人在文章里表达的欣赏推动了托

普菲个人画作的出版。1833年，他的作品《亚伯先生的故事》终于得以出版。但首印800份他都送给了朋友们。1835年，该漫画开始在当地书店上架销售。尽管那时日内瓦还是一个名不见经传的小城市，但在短短几年时间内，托普菲的作品很快在整个欧洲流行起来，当然也出现了很多假冒伪劣产品。

1841年，他的第一部漫画作品《老木先生的故事》经修订后在英国以《老家伙欧巴代亚历险记》之名出版发行。1842年，该漫画在美国再版。从那之后，漫画便成为美国大众文化的一部分。

在此不得不提另一位美国人理查德·菲尔通·奥特康特，是他发明了"漫画云"。1895年5月5日，他发表了《侦探小子的故事》，在这部漫画里主人翁的话语都被写在一个个烟状小云朵里，"漫画云"便因此得名。

蜡笔

艾德文·宾尼 (Edwin Binney)　　　　　　　　1866 — 1934
哈罗德·史密斯 (Harold Smith)　　　　　　　1860 — 1931

1902　宾尼的妻子艾丽斯·斯泰德建议他发明一种蜡笔用来画画。
1903　史上第一盒八色蜡笔被制造出来。
1996　"绘儿乐"（Crayola）蜡笔被批量生产了千亿盒。

　　艾德文·宾尼于1866年出生于美国纽约。在父亲的公司里工作了一段时间之后，他和堂哥哈罗德·史密斯一起接管了宾夕法尼亚州伊斯顿市的一家工业颜料公司。宾尼的妻子艾丽斯·斯泰德是一个幼儿园的老师，她向宾尼提出了一个久未实现的愿望——制造一些彩色的蜡笔，希望可以满足孩子们对绘画工具的需求。她想将几乎只用于工业领域的蜡笔运用到教育领域来。

　　宾尼和史密斯被艾丽斯聪明的提议打动，立即开始设法用无毒蜡来代替可能对身体有害的石蜡，并加上天然的颜料，为它们着上鲜艳的色彩。1902年，第一支不含白石膏粉的蜡笔被制造出来。

　　宾尼夫人为这项新发明取了个名字：她将法语"Craie"（意思为"石膏"）和"Ola"（"oleaginous"的简写，意思为"油性的"）组合成一个新词"Crayola"（绘儿乐），这个词从那时起就成为彩色蜡笔的同义词。

　　人们不喜欢一支一支地购买不同颜色的蜡笔，因此为了迎合大众的需要，他们推出了第一盒有八支不同颜色的蜡笔组合，颜色有黑色、棕色、蓝色、红色、紫色、橙色、黄色和绿色，每盒售价5美分。这是他们全球性成功的开始，这种蜡笔在几百年后的今天仍然牢牢统治着儿童彩笔市场。

在接下去的几年里，蜡笔的颜色越来越多。1949年，盒装48色的蜡笔上市；1958年，64色的蜡笔上市；到1993年，颜色已增加到96种。在20世纪60年代种族矛盾盛行的社会风气下，公司采取了一项意义重大的举措：1962年，他们用"桃色"替代了之前"肉色"这个名字，以此来表示人类的肤色并不是仅有那一种。虽然这是一个小事件，但意义非凡。

1996年，"绘儿乐"蜡笔销量达千亿，随后，他们为蜡笔加上了20种芳香的气味。直到现在，那些已经长大的美国孩子们仍然无比怀念他们儿时所用的老蜡笔那熟悉的香味。

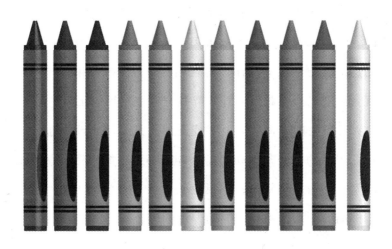

削笔刀

贝尔纳德·拉西摩内 (Bernard Lassimone)　　　　　　生卒年不详
华特·基德里奇·福斯特 (Walter Kittredge Foster)　　生卒年不详

1828　数学家贝尔纳德·拉西摩内注册削笔刀的专利。

1847　蒂埃里·德斯·艾斯提沃克斯注册第一个现代削笔刀的专利，这种削
　　　笔刀需要手工转动铅笔。

1855　华特·基德里奇·福斯特完善了德斯·艾斯提沃克斯设计的削笔刀，
　　　并开始大量生产新型削笔刀。

　　在大部分情况下，一种新发明总是需要另一种发明来完善它，铅笔正是这样的发明之一。最早的铅笔出现在18世纪末期。那时为了削尖铅笔，总是需要使用利器或者刀，在操作的时候还得特别小心。对于那些用铅笔做不太精细工作的人来说，状况或许会好一点，但是那样又很浪费铅芯，而且总要冒出错的危险。

　　法国数学家贝尔纳德·拉西摩内曾倾注大量精力寻找一种可行的解决办法，以帮助人们更安全、更精准地削铅笔。终于，他在1828年申请了一个削笔刀的专利。他设计了一种内置刀片装置，人们可以将铅笔伸进去削尖笔头。但这需要更精准的操作，而且还有点浪费。如果操作不当的话，铅笔很快就会被削光。因此人们开始寻找一些更实用的工具。

　　很多发明家都从咖啡研磨机上寻找灵感，其工作原理是通过摇动一根一头安装在盒子里的手柄，推动磨盘磨碎咖啡豆。如果将磨盘替换成斜刀片，就做成了一个台式削笔器，通常上头还会有些装饰。使用时将笔从一端伸进去，摇动另一端的手柄，摇动刀片即可。

　　然而，若用于办公场所，它显然太笨重了，把它换个位置都很不方便。当时不仅会计、律师和秘书会使用铅笔，还有很多艺术家和作家要用到，他们可不是整天将自己关在工作室里的人。

　　因此，还是需要一种更加轻便的削铅笔工具。1847年，法国人蒂埃里·德斯·艾斯提沃克斯做了一个小管子，里面的刀片固定成一个锥形，实用时需要转动铅笔去摩擦刀片，而不是像之前的产品那样刀片和笔都在转动。这样一来大大减轻了工具的重量，现代削笔刀就此诞生。但新型削笔刀在世界范围内的流行是从美国开始的。1855年，华特·基德里奇·福斯特在德斯·艾斯提沃克斯设计的基础上加以改良，发明了一种更加实用的现代削笔刀，并申请专利。这项发明在全世界产生了良好的反响，很快现代削笔刀就被出口到欧洲，从此成为世界上随处可见的日常物品之一。

复写纸

拉尔夫·韦奇伍德 (Ralph Wedgwood)   1776 — 1837
佩雷格里诺·图里 (Pellegrino Turri)   生卒年不详

1806 为了方便盲人书写，拉尔夫·韦奇伍德发明了金属笔尖和复写纸。

1806 同年在意大利，为了让盲眼的爱人可以写情书，佩雷格里诺·图里发明了打字机和复写纸。

1806年，英国人拉尔夫·韦奇伍德和意大利人佩雷格里诺·图里因为相同的目的——帮助盲人写字，而各自发明了复写纸。

用墨水写字对于一个盲人来说简直太困难了，而且很容易把墨水洒出来。韦奇伍德因此发明了一种涂了蜡和干墨水的纸，使用时夹在两张白纸的中间，然后用干燥的笔尖在上面一张纸上书写，这样在下面一张纸上就会留下书写痕迹而不会弄脏手。

后来，韦奇伍德萌生了制造多份书写纸的想法。那时的操作跟我们现在所熟悉的恰恰相反。人们将涂有墨水的复写纸放在一张精制羔皮纸和一张普通的纸中间，然后在羔皮纸上写字，但不用墨水；被发送的原件是那张普通纸，羔皮纸则被留存，上面的笔迹都是反向的，要对着光才能读出来。这在当时并不算成功，英国法院也不认为这种复写纸很有用。

同一年在意大利，佩雷格里诺·图里也发明了同样的复写纸。图里爱上了女伯爵卡罗丽娜·范托尼，但她是个盲人。为了能够与她通信，图里发明了日后打字机的雏形。不过这台机器需要一种被女伯爵叫做"黑纸"的涂炭复写纸，用它来代替墨水。图里为心爱的人发明了这种纸。打字机的按键敲在复写纸上，便可以在另一张白纸上留下字母的痕迹。

但是图里发明的打字机并未留下模型。1841年，在女伯爵离世后，打字机被移交给图里的儿子，从那时起打字机就销声匿迹了。不过图里发明的证据，还依然留在他和爱人使用过的那些充满情意的涂炭纸里。

后来各种打字机纷纷出现，复写纸成为全世界办公室和家庭的必备品。但是现在随着计算机的普及，它又渐渐淡出了人们的生活。

标准记事本

托马斯·W.华立（Thomas W. Holley）   1864 - ?

1887　托马斯·华立在一家生产经济型笔记本的造纸厂工作，他想再利用造纸厂里的废弃物。

1888　托马斯创办了AMPAD公司，直到今天它仍是美国最大的造纸商之一。

20世纪初　一位法官要求在活页纸的左半部分留下宽1.25英寸的页边。

　　1888年，24岁的年轻小伙子托马斯·华立在马萨诸塞州霍利奥克市的一家造纸厂工作。随着时间一天天过去，他开始注意到生产产生的所有废弃物都会被销毁，在他看来这是极大的浪费。

　　华立认为可以将那些废弃纸张重新组装成便签本，然后以比一等品低一些的价格卖出。虽然那会是不太精致的产品，但是总会派上用场。霍利奥克是美国造纸业最密集的区域之一，华立找遍所有生产点，搜集一切可以找到的废弃物，然后成立了一家公司——AMPAD公司，利用废弃纸张大规模生产笔记本。一开始，公司只是一家很小的店铺，但当他们的新产品销量大幅攀升时，华立的敏锐直觉和眼光得以显现出来。因为价格低廉，他们的笔记本开始在全美国范围内出售，而且其产品覆盖面极广：从购物清单到学生笔记本，从律师的办公用纸到法官的信笺纸，无一疏漏。

　　20世纪初期，AMPAD公司收到了一位法官的来信，这位法官希望他们能在纸张的左边增加一条分隔线来隔开正文部分，并留下一些空白让用户插入笔记和评论。这样的话，法官就可以将他的看法有条理地记录下来，而不会让页面看起来乱糟糟的。他建议左缘线应该画在距离边缘1.25英寸的地方。华立欣然接受了法官的建议，并开始生产那种带边缘线的笔记

本。从那之后，这种边缘线渐渐成为产品的特色，美国的法官和其他司法人员更偏爱他们公司生产的办公本。就这样，标准记事本诞生了。之所以选择黄色作为纸页的颜色而不是亮白色，是为了让所产纸张颜色一致，以掩盖质量参差不齐的二手纸源。这只是最初的动机，但后来人们发现这种选择反而有利于保护视力。现在这种黄色纸张的记事本已是全世界人士进行专业学习和研究的首选。

口袋书

埃尔内斯托·阿达莫·比尼亚米（Ernesto Adamo Bignami）

1903 — 1958

1931　埃尔内斯托·比尼亚米出版了他的第一本书《意大利语考试》。

1958　出版社的经营权被移交给罗伦佐·比尼亚米，之后出版社开始出版一些理科教材。

2007　他们出版了250多种不同主题的口袋书。

埃尔内斯托·阿达莫·比尼亚米于1903年2月24日出生于米兰。他的大学经历非常出众，22岁就从米兰大学文学系毕业，接着又在米兰圣心天主教大学攻读哲学学士学位，并于1927年毕业。毕业之后，他开始在米兰巴尔纳比地高中教书，然后转到沃凯拉文科高中，接着又回到米兰的帕里尼高中。他怀着满腔热情将自己的学识教授给学生们，不过他意识到要想让学生们更好地掌握知识，必须通过简洁明了的教学方式，而不是像当时的教科书那样用词讲究又复杂。

比尼亚米希望能以简明扼要的方式教授知识，不过这不是偷工减料，而只是为了使学习变得更加简单。学生们都很仰慕和支持他，于是他决定出版一系列口袋书，以清晰简单的结构梳理当时所有标准考试科目的重点知识。1931年，他出版了自己的意大利语课程笔记，他认为这对高中期末考试很有帮助。因此，这本在意大利销量不俗的教科书——《意大利语考试》诞生了。

他想要创建的是一种摘要式轻松快捷的学习模式，而不是删改课本上的知识。这本教科书的出版轰动一时，很快比尼亚米再也不是一个平庸的

名字。紧接着《历史考试》、《拉丁语考试》，还有其他一些针对人文学科课程的教辅书也相继出版。就这样，他在米兰巴尔查雷蒂街上的住处变成了一个出版社。出版社在他逝世（1958年7月29日）后继续运营，比尼亚米的弟弟罗伦佐接管了他的事业。罗伦佐之后开始出版一些理科教材。迄今为止，他们已经累计出版了涵盖所有科目且有各种题材的250多种学习用书。尽管一开始，学校的老师们都很反对这种口袋书，他们害怕这些袖珍教材最终会取代他们，而不是仅仅对他们的教学进行补充，但现在比尼亚米口袋书仍在意大利人的书架上占有一席之地。

有奖问答

拉尔夫·埃德沃兹 (Ralph Edwards)   1913－2005

1940　美国播音员拉尔夫·埃德沃兹开办无线电广播节目《真相还是代价》，这是世界上第一个有奖问答节目。

1941　《真相还是代价》播出后获得了很大的成功，因此于7月1日正式在电视上播出。

1950　为了庆祝节目播出十周年，拉尔夫·埃德沃兹建议将他们的城市改名为"特鲁斯康西昆西斯"（truth or consequences的音译）。

　　拉尔夫·埃德沃兹出生在科罗拉多州的梅里诺，他早在大学时就开始了无线电播音工作。一开始他过着没有保障的兼职生活，日子很艰难。但从1938年开始，他正式进入美国哥伦比亚广播公司，这是当时美国最先进的媒体网络中心。几年之后，他成为听众最喜爱的播音员之一。

　　1940年，埃德沃兹决定开发一个新节目，节目当中会邀请一些嘉宾。他认为，如果听众们能够通过与播音室连线成为彼此的竞争对手，节目一定会更有趣。这个想法是在他和朋友们玩了"惩罚"游戏之后产生的，游戏中人们常常会被要求完成一些奇怪的任务，比如说用膝盖走路，用一只脚站立或者反读一首诗，目的都是为了赢得奖励。

　　在得到很有胆识的播音员伊沃里·苏普的支持之后，他正式开办了新节目《真相还是代价》。游戏的规则是，答对问题的参与者最后可以获得15美元的奖励。回答错误的听众是要付出代价的，他们得在广播室里完成一系列搞笑的任务。不过要答对那些问题是很困难的，一是因为那些问题都很古怪；二是因为可以思考的时间太短了。但这个游戏有趣的地方就在于，参与者宁愿回答得很烂，也要留下来玩这个与众不同的游戏，享受那些小惩罚带来的乐趣。

听众们对这个节目的热情促使他们决定将节目搬上荧屏。1941年7月1日，这个节目第一次在设于纽约的美国国家广播电台播出。节目的流程和原来广播的时候是一样的：答对的人可以得到15美元的奖励，否则就得被迫完成千奇百怪的任务，比如用鼻子将核桃推到舞台的边缘、学狗叫、搜集几百个硬币、挖掘隐藏的宝藏，等等。

1950年，由于该节目开播十年来仍然很受大众欢迎，政府决定取用节目的名字——Truth or Consequences，将原来的"温泉市"改名为"特鲁斯康西昆西斯市"（音译）。

该节目一直播出到1974年，不过其间曾间断过。

填字游戏

亚瑟·怀恩 (Arthur Wynne)   1862—1945

1890   记者朱塞佩·阿尔罗尔迪在《世纪周末画刊》上刊登了一个无黑格的
        填字游戏，但没有引起人们的注意。
1913   《纽约世界》刊登了第一个由阿瑟·怀恩发明的填字游戏：一个附有
        提示的菱形方格猜谜游戏，也不带黑色方格。
1932   1月23日，第一版《每周谜语》在报刊亭出售。

　　官方记载的填字游戏诞生日是1913年12月21日，那一天《纽约世界》
周日刊插页的"有趣的心理练习"版面刊登了阿瑟·怀恩发明的首个填字
游戏。

　　事实上，早在那之前就有人发明了填字游戏：1890年9月14日，莱
科猜谜小组的成员——记者朱塞佩·阿尔罗尔迪，用笔名伊诺·米娜
托·迪·蒙扎在《世纪周末画刊》第50页的"消磨时间"专栏里发表了
"填字游戏"。不过它们的样式很简单，就是一些可填进字母的方格子。
接着，在1900年，开普敦监狱里的一个犯人维克托·奥尔·韦列为了消磨
时光发明了一种游戏，即在一些方格子内填上字母组成词，横念竖念都
可以。但是这些游戏都没有预设的问题，游戏者们可以在方格里填进他们
想到的任何词语，只要最后的意思完整即可。

　　阿瑟·怀恩是一个从英国移民到美国的记者，他想编出一些更有意思
的游戏。主编让他发明一个新游戏放到周日刊的"娱乐"版面上，于是他
想到了小时候常玩的"魔力方块"。"魔力方块"是一种拼图游戏，每块
小骨牌上都有一个字母，游戏者要用它们拼成词语，且横念竖念都得合

理。怀恩发明的填字游戏方块内容更多更复杂，且附有填字时需要参照的重要提示。

20世纪20年代初期，美国有一些记者也开始编写填字游戏，其中首次出现了黑色方块。在欧洲，填字游戏首先登陆英国，出现在1922年的《个人杂志》和1930年的《英国时事》上。

在意大利，20世纪20年代中期左右《晚邮周末报》才首次刊登了填字游戏。意大利语"cruciverba"（填字游戏）一词是由出版商瓦伦蒂诺·庞比亚尼发明的，他在 1932年1月23日出版的首期《每周谜语》杂志（由圣安德烈伯爵乔治·西悉尼·迪·赛诺里创刊）上发表了这个词语。

一		二 十	1		八		十二 2				十七
3			四						4		
								4			
		5								十六 16	
二 6					7	十		十四			
		8		六				9			
					九 10		十三			十八	
	三 11							十五			
				七			12		十九		
	13		五			十一					
				14							
18						17			15		

足球彩票

马西莫·德拉·佩尔戈拉 (Massimo Della Pergola)　　　　　1912—2006

1938　马西莫·德拉·佩尔戈拉是体育新闻记者，他在瑞士见识到了一些以
　　　　体育比赛结果为赌注的赌博。

1946　首批体育彩票上市。唯一的大赢家是埃米利奥·匹亚赛迪，他获得了
　　　　50万里拉的奖金。

1948　科尼决定自己经营体育彩票，于是从属于佩尔戈拉的西萨尔公司退出。

　　马西莫·德拉·佩尔戈拉本来在《米兰体育报》当体育新闻记者，但
是1938年，他因为犹太人的身份而被开除。他被迫逃到瑞士，开始在"摩
西桥"工作，并在那里见到一些关于体育比赛的赌博形式，赢的人可以得
到一定数额的奖金。他开始设想把这种赌博游戏引入意大利。

　　回家之后，他开始策划自己的方案，想要为多年来遭受战争压迫的意
大利人民带来点希望和热情。他的想法是，参与者竞猜每场比赛的结果，
赌金最少30里拉；A级和B级的12场足球比赛（1951年1月21日变成13场），
代表其结果的可选符号有1、x和2。但是为了实现这个计划，还缺少大量
的资金，德拉·佩尔戈拉遂向一些意大利企业家申请投资，均遭到拒绝。
他无计可施，只好自己独立操办这项事业。他将自己的全部积蓄都拿出
来，成立了SISAL公司，另外还有两位瑞士记者参与了公司的建设，他们
是法比奥·杰格和杰奥·摩洛。1946年1月16日，他们和科尼公司签订两
年合约，获得了独家经营权。就这样，他的梦想之舟正式起航。

　　第一场比赛是在他们签订合约四个月之后才开始的，但一开始并不尽
人意：他们将500万张彩票分发到各大售卖点，结果只售出3.4万张。其中

只有埃米利奥·匹亚-赛迪一人猜中了胜出的结果组合，并赢得了一笔相当可观的奖金：50万里拉。这个消息像风一样传开，玩家越来越多，足球彩票几乎成为百万意大利人在观看足球的周末里必玩的项目。

足球彩票得名于1948年，它的成功在当时造成了轰动效应，但是对于那三位开创者来说，与科尼的合约到期无疑是泼了他们一盆冷水：科尼决定自己主掌足球彩票业务。也因为三个合伙人之间的利益相争，最后SISAL只剩下Totip（一种预言赛马比赛结果的赌博游戏，也是由德拉·佩尔戈拉发明的）可供经营。无奈之下，德拉·佩尔戈拉只得于1954年忍痛离开了自己热爱的赌博界。从那时起，他开始重新专注于新闻事业。

罚点球

威廉姆·麦克鲁姆 (William McCrum)　　　　　　　　　　? —1932

1890　威廉姆·麦克鲁姆想到了一种惩罚方式，能使足球比赛的竞争更加
　　　公平。
1891　斯托克城与诺士郡的一场比赛让英国足球联会不得不重新考虑麦克鲁
　　　姆的建议，而一开始他们都认为他提出的惩罚措施是没有用的。
1891　9月14日，在狼人队对艾宁顿队的比赛中，约瑟夫·赫尔斯射进了史上
　　　第一个点球。

　　威廉姆·麦克鲁姆是一间磨坊和一家纺织公司的老板。闲暇时，他会
在米尔福·艾威顿足球队当守门员。足球是一项很受欢迎的运动，但是因
为缺少规则限制，球场上常有不公平的情况发生。麦克鲁姆在守门员位置
上通过观察发现，防守队员为阻止对方进球而守球犯规的情况频繁发生。

　　当时，若有球员在球门前禁区犯规，惩罚的方法只是在人墙前踢任意
球，这种简单的惩罚根本没有什么效果。于是，1890年，麦克鲁姆想出了
一种更具有威吓效果的惩治方法：在一定范围内不设障碍地射门。在进行
了一些试验之后，他的提议还是遭到了英国足联的反对，被搁置一边，因
为英国足联认为他的建议毫无用处。

　　不过在1891年，麦克鲁姆的建议因为一场比赛而被足联重新采纳。在
英国杯斯托克城对诺士郡的比赛中，临近比赛结束前几分钟，诺士郡领先
斯托克城一个球。但是当斯托克城的一个球员射门时，对方的一个防守队
员在球刚进门的一刹那用手将球拦截下来。按照比赛规则，虽然判罚了任
意球，但并没有帮助斯托克城队挽回一个球。因此斯托克城队的球员和球

迷们只能失落地接受失败，这场典型的不公正比赛引起了很大的争议。

于是1891年6月2日，在格拉斯哥的一个旅馆里，国际足联决定采纳麦克鲁姆发明的罚点球规则，并从下一足球赛起季开始实行。这项罚球规定直到今天仍然没有改变：这是射门队员和守门员之间一对一的较量，没有其他队员的参与。不过那时，射门者可以选择射门地点，但应当在离球门11公尺处。罚球时，守门员可以前进到离射门者5.5公尺处。罚球区一说则是到1902年才引入足球法规的。1891年9月14日，历史上第一个正式的点球是在英国狼人队对艾宁顿队比赛中，由约瑟夫·赫尔斯踢进的，最后主场球队狼人队以5比0胜出。

体育直播

戴维·萨尔诺夫 (David Sarnoff)   1891—1971

1908   戴维·萨尔诺夫成为马可尼（Marconi）无线电报公司一名报务员。
1919   RCA（美国无线电公司）成立，萨尔诺夫被调到市场部门。
1921   首次体育直播的是一场拳击比赛。

　　1900年7月，只有9岁的戴维·萨尔诺夫搬到纽约，他在那里的第一份工作是报童。1906年他被马可尼无线电报公司雇用，成为一名报务员。他是一个有灵气、有野心的小伙子。战后，马可尼公司被通用电气收购并重新成立了RCA（美国无线电公司），他也因此被调到新公司的市场部门工作。

　　1921年7月2日，世界级拳击系列赛的一场重量级选手间的较量即将开始——杰克·德姆西对法国选手乔治·卡尔本迪。那是难得一见的高水平拳击赛，被称为世纪之战，并设有百万美元的奖金。萨尔诺夫的直觉告诉他，这场比赛非同寻常。那时候，收音机刚发明不久，还没有人尝试过现场直播体育比赛，这还是一块从未被开垦的处女地。于是，他直接找到公司负责人，请求进行体育实况直播，但是负责人根本不听他的建议。萨尔诺夫并没有因此而气馁，他锲而不舍地与负责人交谈。最后，负责人被他缠得筋疲力尽，只得批准他的提议，不过条件是他必须自己掏腰包承担实况直播的一切费用。

　　得到上级许可的萨尔诺夫立刻去修复了一台旧的无线电发射机，用来传送信号。同时，他通过朋友找到了一位拳击专家，并交给他一个不同寻常的任务：向听众们讲解现场的情况。最后还剩一个问题——当时拥有收音机的人并不多。因此，他又想到一个天才的解决办法：他联系了RCA的所有分销商，请求他们允许他使用其设备，在歌剧院和一些娱乐聚会场所等公共场所内用高分贝进行实况直播。

　　比赛开始时，美国的东西两岸有30多万人在收听他们的实况直播。从那天起，电视节目界的一场巨变发生了。在接下来的三年时间，他设计的无线音乐盒以Radiola的名字上市，售价75美元，这款产品为RCA赚得8300多万美元。萨尔诺夫在成为公司董事长后不久又发明了美国第一台上市销售的电视机，不过这又是另外一个故事了。

磁带录音机

阿里戈·卡斯特里 (Arrigo Castelli)　　　　　　　　　　1921－2007

1898　瓦尔德马·普尔森申请了磁气录音机的专利，这是磁带录音机的鼻祖。

1947　阿里戈·卡斯特里发明了磁带录音机，并录下了这台机器最开始发出
　　　的窸窣声。

1950　卡斯特里和杰罗索公司合作推出史上第一款平价便携式磁带录音机
　　　"杰罗西诺"。

　　1898年，丹麦发明家瓦尔德马·普尔森在研究电报的应用时，偶然间发现可以用磁带记录声音。他的发明磁气录音机于同年获得专利。这是个巨大成功的开始，他在1900年的巴黎国际展览会上展出此项发明成果，引起很多专家学者的注意。不幸的是，磁气录音机的发展夭折于试验阶段，该设备即使在它的发明地美国也很罕见，这给普尔森的公司带来了很大损失，迫使他们最终放弃了这个项目。之后在第二次世界大战末，工程师阿里戈·卡斯特里发明了世界上第一台便携式磁带录音机。

　　捕捉和记录声音是卡斯特里的梦想，秉着极大的热情他不断尝试发明一种能够被广泛应用的录音工具。在第二次世界大战期间，他在维罗纳乡间的别墅里制作了一个能够收听到伦敦电台的无线电收音机。但直到1947年，当他发明出一套能够记录声音的磁带录音机，他的发明天赋才真正得到广泛的认可。这个革命性的录音工具可以记录下声音，然后转变为电磁脉冲，在磁力的作用下再将声音真实还原。他记录的第一段声音就是机器自己发出的窸窣声。这项发明是如此引人注目，以至于他决定申请发明专利并开一家公司，即卡斯特里磁带录音机公司，地点设在米兰。在他的兄

弟和堂兄的帮助下，他得以将录音机投入生产。

　　他发明的磁带录音机在米兰展销会上引起了轰动，甚至还被展示给当时的共和国主席路易吉·艾诺蒂。接连而来的录音机订单让卡斯特里应接不暇，因此他选择与杰罗索公司合作，并于1950年联合推出杰罗西诺——史上第一款平价便携式磁带录音机。这款录音机远销海外，每天有2000台机器售出，这样的销量令人咋舌。当时有近1600名员工为公司工作。

随身听

盛田昭夫（Akio Morita） 1921－2009
安德烈斯·帕维尔（Andreas Pavel） 1945－

1970 索尼的工程师们尝试开发一种便携式微型录音器，供记者们在采访中使用。

1979 在一个项目失败后，索尼的创始人之一盛田昭夫启动了另一个项目——随身听，并获得成功。

2000 安德烈斯·帕维尔自认为是随身听的真正发明者，遂与索尼公司发生了专利争执。该诉讼案持续了20年才得以解决。

20世纪70年代，索尼的工程师们一直想要制造一种便携式微型录音器，可以用于记者采访或者记录入学课程。但是这项计划没有成功地付诸实际：工程师们尝试着在装置内部插入一些扬声器配件，然而并未能做出一个录音器。接着，索尼公司的创始人之一盛田昭夫，天才地想到将录音器改装成一个可以播放磁带录音，并戴上耳机聆听的机器（即后来的随声听）。但这一想法并没有得到其他合伙人的认同，他们认为现在的市场需要一种高音质享受，而这种需求随身听无法提供。盛田昭夫却觉得人们可以带着随身听在旅途中听音乐，它可以成为一件必需品。他因此立誓，如果这款新产品卖不出十万台的话，他就辞去索尼公司董事长一职。

1979年"随身听"被推向市场。它的展示会设在一个不同寻常的地方——东京的代代木公园，盛田昭夫在那里向记者展示了两个人边骑车边听音乐的场景。事实证明，索尼随身听的成绩斐然，这台机器以30000日元（当时约合90美元）的单价售出了30000台，并在接下来的十年里大卖5000万台。

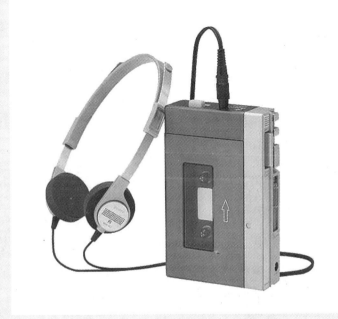

如果说是盛田昭夫推动并坚持实施了这个计划，保护并推广了这项发明，那么另一个人付出得更多。他就是安德烈·帕维尔，持有第一个便携式立体声播放器的专利。帕维尔将他的发明推荐给根德、飞利浦以及雅马哈等公司，但他们一律拒绝生产这种新产品。这些公司认为，人们绝对不会在公众场合戴着耳机听音乐。1980年，当他得知索尼公司推出了"随身听"之后，就向索尼公司提起诉讼，要向索尼公司讨回他原始发明者的身份。历经了长达20年的纠葛，这场侵权诉讼案以庭外和解告终。最终索尼公司支付给帕维尔一大笔钱，让他撤回了对其的各项指控。

车载收音机

保尔·盖文 (Paul Galvin)　　　　　　　　　　　　生卒年不详
约瑟夫·盖文 (Joseph Galvin)　　　　　　　　　　生卒年不详

1928　保尔和约瑟夫·盖文两兄弟成立了盖文制造公司。

1930　保尔·盖文的斯图特贝克轿车里安装了史上第一个汽车收音机。

1930　为了表明"运动中的声音"之意,保尔将自己的新发明命名为Motorola。

　　保尔·盖文开了一家小公司,生产一种使用电池的无线电收音机。然而经营状况却不如人意,他的公司即将面临破产。在哥哥约瑟夫的帮助下,他筹集了750美元,公司才得以维持。1928年9月,兄弟俩一起成立了盖文制造公司。

　　两兄弟很穷,甚至连房租也付不起,但他们却很乐观。他们开始修理收音机,微薄的收入总算能够勉强维持生活,但是华尔街的经济危机又将这一切都摧毁了。然而,就在极度困难的时刻,一位供货商建议他们研制一种汽车专用的无线电收音机。

　　幸好在无线电传声公司的创始人威廉姆·里尔和工程师埃尔梅·瓦福林的大力帮助下,盖文兄弟于1930年5月成功研制出一个车载无线电收音机的模型,并安装在保尔的汽车上。6月,保尔驾驶着那辆汽车行驶了800英里去参加大西洋城市收音机展销会,他在那里竭尽所能地展示了他的新发明:车载无线电收音机。

　　当时一辆汽车售价约650美元,而车载收音机的成本就要150美元,而且其安装工作需要整整两天时间。正因为如此,成功才迟迟未到来。不过他们的产品还是很有前途的。几年过后,他们降低了生产成本,第一批产品得以安装在福特和克莱斯勒品牌的车上。不过他们的产品还缺少不可或缺的东西：商标。一天早晨，保尔剃胡须时解决了这个问题。那个年代最流行的收音机品牌叫做Radiola，他用Motor代替Radio，来表示他的产品是在汽车里使用的。于是Motorola（摩托罗拉）就诞生了，一开始这个名字只被用于产品的名称。直到1947年，他们用这个名字替换了公司的旧名字"盖文"。

高速公路

皮耶罗·普里切利 (Piero Puricelli)   1883—1951

1922   普里切利公布了历史上第一条高速公路的计划，其跨越伦巴第湖，连
       接米兰市。

1925   最后一段加拉拉泰至维尔加泰路段的高速公路竣工。

1929   普里切利的公司将高速公路管理权转让给国家。

　　皮耶罗·普里切利是意大利20世纪最伟大的企业家之一。1922年，他
的公司在短短110天内就建成了蒙扎赛车场，在场内赛车能以200公里的时
速进行抛物曲线运动。

　　不过，他却热衷于公路交通建设，并因此提出了很多关于未来的设
想。1920年，他宣布说那些动物马车很快就会被机械驱动的机动车取代。
因此，他开始积极研究一种新型公路，使人们能够轻松来往于城市之间，
并允许现代汽车通过（当时全国大概有85 000辆）。1922年1月，他公布了
建造跨伦巴第湖连接米兰高速公路的方案。

　　1923年3月公路建造正式启动，工程进展神速：第一段米兰-瓦雷泽于
1924年正式落成；最后一段加拉拉泰-维尔加泰于1925年9月竣工。整条公
路的线路直至今日依然可见。车道分为两条，行进方向相反；共有17个出
入口；通行时间是早上六点至凌晨一点。整条公路几乎是直线，极少处出
现曲线和坡道，坡度不超过3%。为了收回建造成本，他们采取了收取客
户通行费的措施，这也是一项创新之举。

　　当时全国的汽车数量并不多。公路建成三年后，1928年每天通行的车
辆不足1550辆。由于车辆通行量少再加上后来的世界经济危机，普里切

利最后在1929年决定将高速公路管理权转让给国家，由国家来承担维修工作。后来随着通行费的降低和汽车数量的增加，高速公路上的通行量开始慢慢地增大，这也印证了该项计划是成功的。

出租车

约瑟夫·阿罗伊休斯·汉萨姆（Joseph Aloysius Hansom） 1803—1882
菲力德里希·格雷纳交通公司（Societá di trasporti Friedrich Greiner）

1834　出现了汉萨姆双轮双座马车，这是汽车流行之前最先进的付费交通工具。

1891　德国发明家威廉·布鲁恩发明了一种革命性的计程器，能够计算行程距离。

1897　菲力德里希·格雷纳公司决定使用汽车载客，就此诞生了世界上第一家使用汽车载客盈利的公司。

　　将人送到其目的地的服务很久之前就已经存在了，但是现代运营模式的出现要追溯到1834年。那一年，英国建筑师约瑟夫·阿罗伊休斯·汉萨姆申请了安全双轮双座马车的专利。这种双轮马车有两个座位，车夫坐在车外，乘客坐在车里。从那时起，任何类似的交通工具都被称为汉萨姆双轮双座马车。

　　进一步的发展得到1891年，德国发明家威廉·布鲁恩发明了一种可以精确计算行程距离的计算器，即计程器。据说，当时这项发明并没有得到大家的认可，他们甚至将布鲁恩扔到河里以示抗议。

　　直到汽车出现之后，才有了今天我们熟悉的出租车。菲力德里希·格雷纳交通公司在1896年首次提出了出租车的想法，并向戴姆勒发动机公司订制了一种特制汽车。戴姆勒公司遂以维多利亚款车身结构为基础，制造了一款带有计程器的汽车。该车型交付于1897年5月，到了夏天时这款汽车就已经自由地行驶在了斯托卡尔达的公路上，格雷纳公司因此大获成功，并将自己的公司改名为戴姆勒机动车辆出租公司。这就是世界上首家出租车公司。

　　但是这样一辆汽车的成本是5530元，此外还要加上计程器的费用，因此格雷纳的经济负担也很重。不过投资依然是明智的。戴姆勒生产的出租车每天可以跑70公里，速度很快而外形优雅，在当时的富人阶层掀起了一阵风潮，并且很快流行到了其他国家。1907年，出租车在美国纽约第一次亮相时，美国商人亨利·奥里恩创新地将车身刷成了黄色，人们从很远就能看见。这是出租车神话的诞生，它也因为在电影《出租车司机》中的出场而著名。值其诞生一百周年之际，公司更是以黄光照亮纽约帝国大厦以表示庆祝。

安全带

尼尔斯·柏林（Nils Bohlin）   1920-2002

1955 尼尔斯·柏林被任命为瑞典绅宝汽车公司弹射座椅部门经理。

1958 柏林接受富豪汽车公司的邀请，成为公司的安全研究专家，并发明了
      三点式安全带。

2002 柏林的名字被收录进《国家发明家名人堂》。

　　尼尔斯·柏林是瑞典一位年轻的航空学工程师。他一开始在绅宝汽车公司就职，这家公司当时生产军用飞机。他被分配到安全部门，研究弹射座椅和飞行员的安全装备。由于工作出色，他在1955年被任命为部门经理。1958年，他接受富豪汽车公司总裁库纳·恩杰拉的邀请，进入富豪汽车公司，成为一名安全研究专员。

　　为了研制出发生事故时保护乘客不与车内的设施发生猛烈撞击的装备，富豪汽车公司已经做了很多次试验。他们首次尝试的是一根和飞行员安全带类似的对角安全带，但是这个装备有金属环扣，且正好对着人体胸腔的位置，会对人体骨骼和内部器官造成隐患，发生撞击时引起严重的后果。柏林意识到适合汽车的安全设施应该是既能保护人体上半部，也能保护人体下半部，而对角安全带只能有效保护人体下半部分。不过，考虑到汽车安全带会被频繁使用，因此其装置必须便于操作。于是三点式安全带诞生了。这种安全带有一条的两段固定在胯部两侧，一条围在胸前，两带交接于一处，人用一只手就可以将安全带系上或者松开。即使在突发状况下，安全带也不会松动，这就是它能够保护车内人员的秘密。

　　柏林在1958年申请了三点式安全带的专利。富豪汽车公司对于这项革

命性的新发明很有信心，立刻提供给汽车制造商。1959年，安全带装备正式投入生产。富豪汽车是世界上第一个配备安全带系列装置的汽车品牌。

大众对于安全带的反响并不是很好。然而，富豪公司并未放弃，他们继续进行测试以证明他们的新配件确实是有效的。如今，这种安全带已经成为汽车内的必备用品。

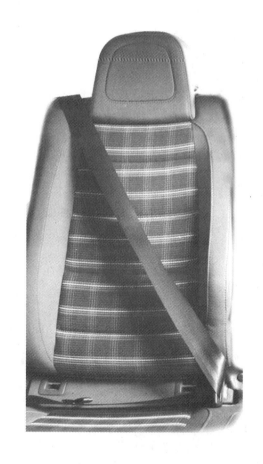

降落伞

格雷博·科特尔尼科夫 (Gleb Kotelnikov)   1872—1944

1910 格雷博·科特尔尼科夫经历了一场空难，从此决定设计一种飞行员安全装备。

1912 俄国军队拒绝使用他发明的降落伞，认为它不安全。

1913 科特尔尼科夫的公司在法国组织了一次降落伞展示会，一举成名。

　　格雷博·科特尔尼科夫是一名演员，他从基辅军事学院毕业后就一直从事戏剧表演工作。1910年9月，他参加了一次空中杂技演出，但是飞机发生意外而坠落，飞行员在事故中不幸死亡。这次事故给他带来了很大的震撼，于是决定重新运用自己的机械知识，为飞行员设计一种安全装备。

　　"降落伞"的原始模型已被试验过，但它并不适用于飞行员驾机飞行时的实际情况，当危机来临时他们还是会被困在驾驶舱内。科特尔尼科夫首先设想了一种固定在安全防护帽里面的小气球，他在11岁儿子的帮助下做了试验，结果他放弃了这种设计，因为那么小的气球根本承受不了一个处于下降状态的人的重量。不久，他又设计了一种装在背包里面的降落伞：这个背包由两个弹簧固定在驾驶舱的托架上，打开包时弹簧能将降落伞推出来，而且它还具备控制下降速度的能力。

　　科特尔尼科夫将自己发明的RK-1型降落伞推荐给俄国军队，但他们拒绝进行试验，理由是认为它缺乏可靠性和安全性。不管是汽车刹车测试，还是从不同海拔的高空释放气球，无论他如何努力尝试都无法成功说服军官们。

　　事情迎来了转机。1913年1月，科特尔尼科夫的一位来自科捷利尼科

夫的德俄混血合伙人——威廉·奥古斯托维奇·洛马奇决定在法国举办一次展示会。他请来一个学生，让他背着降落包从53公尺高的桥上跳下，最后安全着陆，这令观众们惊叹不已。从那天开始，这项发明才真正流行起来。第一次世界大战开始时，俄国军队也采纳了降落伞装备。之后，科特尔尼科夫继续完善自己的发明。1923年，他为修正版RK-2型降落伞申请专利，从那时起，史上第一个正式的降落伞终于诞生了。

飞机

威尔伯·莱特（Wilbur Wright）　　　　　　　　　1867—1912
奥威尔·莱特（Orville Wright）　　　　　　　　　1871—1948

1878　莱特兄弟因为一架玩具直升机而对飞行产生了浓厚的兴趣。

1896　兄弟俩开公司生产自行车，用赚来的钱继续支持共同的飞行爱好。

1903　"飞行者"在基蒂霍克完成了第一次飞行。

　　威尔伯和奥威尔·莱特兄弟是兄弟联合天主教教堂的主教米尔顿·莱特的儿子。1878年，威尔伯11岁，奥威尔7岁，父亲送给他们一个用纸、竹子和软木制成的直升机模型。那是一个与众不同的礼物，两个孩子一直高兴地玩耍直到它坏掉为止。看着坏掉的飞机模型，他们并没有气馁，而是想自己重新再做一个。

　　时光飞逝，一转眼他们都完成了学业。怀着对机械方面的浓厚兴趣，威尔伯和奥威尔一起设计并制造了一台打印机。1889年，他们开了一家印刷厂。后来于1892年转换了经营项目，改做机械维修。从1896年起，他们开始生产自行车。

　　然而，他们的兴趣始终在飞行上，因此他们决定把赚来的钱都投资于研究飞行器。1897年，莱特兄弟前往北卡罗来纳州的基蒂霍克进行第一次飞行器试验。他们修改了配件，将滑翔机改装成飞行器。他们还请自行车店的机械师查理·泰勒帮忙为铝制的飞行器装上了第一个引擎。

　　1903年，"飞行者1号"终于制作完成。它的两翼是用帆布做的，机身架构由云杉木打造。另外，兄弟俩经过一系列的基础风洞试验，完成了螺旋桨的设计与制作。这是史上第一架飞机，净重274公斤，翼展12公尺，

马力为12匹。1903年12月，莱特兄弟又去了一次基蒂霍克。在三天无风的等待之后，终于在12月17日，他们决定进行飞行试验。奥威尔掷硬币胜出，由他来当第一个飞行员进行试飞。由威尔伯控制螺旋桨并启动飞行，引擎启动时发出爆裂的声音。飞行器在滑翔了12秒之后离开了地面，飞到空中30公尺处，但只在空中停留了12秒。在第一次飞行之后，兄弟俩又轮流驾机试验。同一天早晨，他们的飞行器再次在北卡罗莱纳州的天空翱翔，地表距离260公尺，飞行持续59秒。就这样，人类终于学会了飞行。

直升机

恩里克·弗兰依尼 (Enrico Forlanini)	1848－1930
克拉蒂诺·达斯卡尼奥 (Corradino d´Ascanio)	1891－1981
伊戈尔·伊万诺维克·西科斯基 (Igor Ivanovič Sikorsky)	1889－1972

1877　恩里克·弗兰依尼实现了装备发动机的直升机的首次飞行。

1928　克拉蒂诺·达斯卡尼奥设计了第一架载人直升机。

1942　伊戈尔·西科斯基的工厂生产了第一批军用直升机。

　　恩里克·弗兰依尼是米兰一位著名医生的儿子，但是他对工程领域很感兴趣，因此选择了与父亲截然不同的职业，并进入了军校。刚从学院毕业，他就开始为发明飞行机器做一系列试验，同时报考了米兰理工大学，并于1875年毕业于工业工程专业。

　　1877年，他制造了一个直升机模型，该模型有一对共轴的机翼，直径2公尺，还装有一个轻便而动力强劲的蒸汽发动机，这个发动机也是他自己发明的。模型重 3.5公斤，他在米兰的威尼斯门公园进行了一次公开的展示表演，将模型升到13公尺高的空中，然后再让它轻轻降落。弗兰依尼是世界上第一个将带有动力装置且重于空气的物体送上天空的人。然而，这种飞行器不能载人，因此就不能被用作交通工具。

　　在第一次世界大战期间，直升机的原始模型被改造后重量和体积都有所增加，并投入批量生产。与飞机相比，直升机更难掌控，而且只能在低空短暂飞行。

　　后来，一个意大利人创造了直升机飞行的新纪录。1928年，克拉蒂诺·达斯卡尼奥设计了一架带有共轴双翼的直升机，由陆军少校马内

罗·内里驾驶，他创造了飞行时地表距离18公尺、水平距离1公里多、时间长达9分钟的纪录。但是这个成绩的重大意义并没有受到元帅巴尔博和墨索里尼的重视。

在美国，直升机的价值得到更大发挥。来自俄罗斯的移民伊戈尔·西科斯基在美国工程师和投资者的帮助下，成立了一家公司，并于1942年正式推出西科斯基R-4号，也是史上第一架直升机。从那时起，直升机首先被用于军事，其次是保护人民的相关工作，再者才是民用和商业用途。直升机的使用范围越来越广泛，它承载着人类在飞机以外的另一种飞行器上飞行的梦想。

水上摩托车

奥雷·艾文路德 (Ole Evinrude)　　　　　　　　　　　1877－1934

1900　奥雷·艾文路德搬到密尔沃基市，开了一家公司。
1907　他设计了史上第一个现代水上摩托车的引擎。
1919　他发明了一种双引擎，并成立了一家新公司。

　　奥雷·艾文路德出生于挪威，但在很小的时候就随家人一起移居到美国威斯康辛州。在当地的一些公司里工作过后，他决定自己开一家小公司，生产汽油引擎。公司里有一位负责账目管理的漂亮女职员，她名叫贝丝·加利，受到艾文路德的青睐。

　　一天下午，奥雷、贝丝还有其他一些朋友一起去米尔沃基市西边的奥克奇湖边游玩。午饭之后，贝丝说她想吃湖对岸店铺里卖的冰淇淋。艾文路德想趁此机会大献殷勤以给她留下深刻的印象，于是他没有多想，立刻跳上一艘划艇去湖对岸买冰淇淋。但是由于回程太长，冰淇淋都融化了，被朋友们嘲笑不已。奥雷心想，如果在船上安装一个发动机就可以快速到达对岸。

　　当时，已经有一些船用的发动机，但并不经常使用。在艾文路德看来，市场上需要一种更轻便、容易装卸，并能够使划桨小船灵活行驶的发动机。

　　1907年，他与贝丝结婚之后，贝丝也成为公司的合伙人之一。不久之后，艾文路德就发明了史上第一个现代水上摩托车。它有一个客舱，内置水平气缸，船尾有一根漆管，管子的一端设有一个螺旋桨。启动之后，螺旋桨在水下转动使船只前进。在那段时间里，他完成了第一个模型。艾文路德租了一条船，和贝丝的兄弟们一起把发动机装上去，然后开动了小船。几经改良之后，在既精通财务知识又熟悉市场营销的贝丝帮助下，他的事业飞黄腾达。很快地"艾文路德"就成为美国最有名的水上摩托车品牌。

摩托车

路易斯·纪尧姆·贝勒 (Louis Cuillaume Perreaux)	1816—1889
戈特利伯·戴姆勒 (Gottlieb Daimler)	1834—1900
威廉姆·迈巴赫 (Wilhelm Maybach)	1846—1929
尤金·维尔纳 (Eugene Werner)	生卒年不详
米歇尔·维尔纳 (Michel Werner)	生卒年不详

1869　法国工程师路易斯·纪尧姆·贝勒注册了一种双轮蒸汽发动机动车的发明专利。

1885　出现了首例内置燃料发动机的摩托车，这是两位德国发明家——戴姆勒和迈巴赫的杰作。

1898　尤金和米歇尔两兄弟改良了摩托车的构造并为其命名。

　　1868年，法国工程师路易斯·纪尧姆·贝勒偶然间设计并制造了一辆具备现代摩托车所有特质的机动车。这种机动车于1869年取得发明专利，它装有蒸汽发动机和管形框架，内置发动机和后轮传送带。

　　如果说贝勒的这项发明是摩托车的原型，那么1885年出现的才是首辆以汽油为燃料发动的摩托车，由戈特利伯·戴姆勒和威廉姆·迈巴赫发明。戴姆勒想为各种机动车都装上一种发动机，只能通过燃烧汽油发动。经过千百次尝试之后，他终于成功申请到了汽油发动机的专利。它通过一个不可控的电力点火栓系统引燃，具备隔热功能，不过不能自然冷却。戴姆勒与迈巴赫在斯图加特附近坎斯塔特的小办公室里一起完成了这个设计。至此，摩托车正式诞生了。

　　摩托车的发展完善归功于巴黎的两位俄罗斯移民——尤金·维尔纳和米歇尔·维尔纳兄弟。他们的改良是在前轮部位设置了汽油发动机，3匹马力，设计最大时速为35公里。两兄弟改善后的车型不仅具有实用性且价格合理，销售业绩相当不错。1901年，他们又开发出第二种车型，其发动

机装在车身中间，通过皮带和滑轮向后轮传送，他们将其命名为"摩托车"。这个名字一经提出就广为流传，因此巴黎法院不得不取消对维尔纳兄弟的独家商标授权。紧接着，在欧洲迅速出现了几千家生产摩托车的公司。在140多年里，摩托车伴随着人们走过了大街小巷，它现在依然活跃在人们的日常生活中。

电动车

克拉蒂诺·达斯卡尼奥 (Corradino D´Ascanio)　　　　1891－1981

1932　克拉蒂诺·达斯卡尼奥受雇于比乔亚公司。
1945　比乔亚公司正处于转型期，达斯卡尼奥负责产品的重启计划。
1946　"黄蜂"号机动车在米兰博览会上展出。

　　1945年，在战争末期，恩里克·比乔亚意识到他的公司必须从以前的航空领域转型，生产不同的产品，为意大利的战后迅速复兴出力。这种产品必须物美价廉，让大部分人能够消费得起。不过这种产品并非汽车，那时汽车还未登上历史舞台。

　　战争期间出现了很多种两轮机动车，但都是摩托车，适合那些穿着制服不怕弄脏衣服的人使用，而且只能载一个人。因此，解决办法就是发明一种人人都能承担，而且适合所有人日常使用的两轮机动车。于是，比亚乔委派公司最出色的工程师之一克拉蒂诺·达斯卡尼奥去完成这项任务。

　　达斯卡尼奥是一位杰出的机械设计师，从1932年开始受雇于比乔亚公司，在此之前他成功地设计了史上第一架载人直升机。现在接到的这项任务让他很兴奋。比亚乔设想的设计参考了之前没有推上市场的MP5型机动车，它被称为"小鹅"。但是达斯卡尼奥希望能做出一件前所未有的新品。1946年，他向比亚乔博士展示了他的原始设计。据说当时比亚乔看了之后这样评价：这辆车对于女人和牧师来说的确很理想，不过这个黄蜂的腰肢能撑起两个人的重量吗？

　　同年，比亚乔将这辆"黄蜂号"（Vespa）机动车在米兰博览会上展出。那是一种新型的交通工具：它将汽车柔和的线条和凸起结合在一起，应用在两个轮子的设计上。另外，因为装有座椅不用横跨，所以也很适合女性使用。其发动机被包在车身里面，这样就可以避免被机油弄脏衣服。这个特性不只是当你考虑到要爱惜仅有一件好衣服时才变得非常实用，事实上"黄蜂"不仅适合上班族，还适合节日时使用。达斯卡尼奥发明了这个来自意大利的奇迹——电动车。现在市面上有各式各样具有相同性能的电动车，但"黄蜂"却是永恒的经典。

自行车

巴洛内·卡尔·冯·德莱斯 (Barone Karl von Drais)　　1785—1851
埃尔内斯特·米修 (Ernest Michaux)　　　　　　　　1841—1882

1816　卡尔·冯·德莱斯申请了无脚蹬自行车专利。
1840　埃尔内斯特·米修在无踏自行车装上了一对脚蹬。
1870　吉尔梅和迈耶给自行车装上了第一代简单的传动链条。

最原始的自行车是因一位法国贵族的怪癖而诞生的。1791年，这位梅德·德·西夫拉克伯爵把两个马车的轮子安在一个木制的横梁上，制造出了木马轮——塞勒里菲尔（celerifero）。几年之后，卡尔·冯·德莱斯男爵注册了改良后的代步车专利。他在之前的木马轮上加上手把，使其前进更加方便，不过人还是得靠双脚蹬地获得动力来前进，这就是无脚蹬自行车。

1861年，法国铁匠埃尔内斯特·米修在维修一辆无脚蹬自行车时，开始思考如何进一步完善它。他观察到骑无脚蹬自行车很费劲，经过研究，他决定在前轮轴心处安上搁脚板，这样人们可以在车子有了一定速度之后，把脚放在上面休息片刻。他的父亲建议说，如果安装上一个曲柄可能会使骑行变得更省力。于是米修在前轮上装了两个脚蹬，它们在骑车人的控制下可以推动整个车子向前行进。结果并不如人意，自行车能达到的速度很有限，并且会导致整个车体失衡。实际上，因为陀螺效应的存在，通过达到一定的速度自行车就不会倾倒。于是，他们制作了另一个自行车模型，其前轮稍大于后轮，这样每蹬大轮子一次，车子行进的距离也更大。双轮踏板自行车就此诞生了。

　　但是还缺少一个关键的部件：传动链条。1868年，钟表匠安德雷·吉尔梅设计出一款铁制、两轮大小一致、车身中间装有链条传送系统的自行车。埃杜尔德·迈耶在巴黎将其模型投入生产，但是随着普法战争的爆发，该发明的普及也受到了阻碍。

　　1885年，英国人约翰·肯普·斯塔利为了加强自行车的稳定性，发明了一种梯形框架。他的第一个模型叫"罗浮"，并没有受到人们的关注。斯塔利不停进行改良，直到研制出"罗浮3号"才终于获得成功。此时轮胎也被发明出来，正好可以减少自行车与地面的摩擦。于是现代自行车诞生了。

摩天轮

乔治·菲利斯 (George Ferris)   1859 — 1896

1891   乔治·菲利斯为芝加哥世界博览会设计了世界上第一个摩天轮。

1893   菲利斯的发明终于面世：摩天轮的直径82公尺，有36个木制观景包厢，
        每个包厢最多可容纳60人。

1906   菲利斯的摩天轮被拆卸，但是他的创意却在全球传播开来。

    1891年，乔治·菲利斯是钢铁领域的一个年轻工程师，当时他在芝加哥参加会议。芝加哥被选为1893年世界博览会的举办城市，同时庆祝发现美洲大陆400周年。

    1893年芝加哥博览会继1889年巴黎博览会之后举办。上届巴黎博览会将艾菲尔铁塔作为代表性的建筑，因此组织者们很想建造一个与众不同、独一无二的标志性建筑，为此他们特地举办了一次研讨会，以确定建造方案。建筑师达涅尔·H.布伦哈姆是挑选创意的负责人，到那时为止，还没有一件让他满意的作品。

    菲利斯也开始琢磨适合国际博览会场合的作品。他的灵感来自于一顿晚餐。当他在餐巾纸上试着画草图时，将他的创意设计成了一种与平常所用都不一样的的巨大齿轮。

    当他展示出这个创意时，陪审团人员认为这绝对不具有可行性，觉得他一定是疯了。但是菲利斯对这个方案有十足的把握，最后他说服了很多同事，让他们相信他所设计的结构是可行且安全的，并且说服当地投资方为此注资40万美元。最后他回到陪审团再次申请许可。

    整项工程极为复杂，摩天轮直径达82公尺，有36个木制包厢，每个包

厢最多可以容纳60人，总共设有2160个座位。每20分钟的摩天轮观光花费为50美分。在世界博览会期间，他们共赚得726 805万美元。芝加哥的摩天轮获得了空前的成功之后，菲利斯的摩天轮开始在美国的其他城市流行起来。1904年，芝加哥摩天轮被拆卸并重新组装，为圣路易的世博会所用，接着又在1906年再次被拆卸。自那时开始，摩天轮在全世界流行起来，成为最具代表性的旅游景点之一。

1900　20世纪初期，在弗里斯比馅饼店里，服务员们投掷圆形托盘取乐。

1948　华特·莫里森发明了飞盘——可以飞在空中的塑料圆碟。

1957　莫里森与Wham-O玩具公司签订合约，将发明使用权和生产权出售给该
　　　　公司。

　　20世纪初，在美国首次出现了飞盘的原型，其实就是一种装馅饼用的
圆形托盘，在康涅狄格州的弗里斯比馅饼店里工作的小伙子们将它投掷空
中以消磨时间。于是，一些经常去馅饼店的学生开始搜集圆形托盘，并带
到大学里面玩。

　　不过，除了甜点店的托盘飞碟，还有一个人也被认为是飞碟的始
祖——华特·莫里森，第二次世界大战的飞行员。他和妻子拿装甜点的圆
碟在沙滩上嬉戏的时候，突然想到可以将它发明成一种玩具。1946年，他
设计出第一张游戏飞盘的草图，取名为 Whirlo-Way。接着在1948年，他和
前同事瓦伦·弗朗肖尼一起发明了另一种边缘圆润的飞盘，这款飞盘能够
在空中飞得很高，而且更容易被抓到。

　　这两位发明者将它取名为"飞行托盘"、"飞盘"，取用的是各报纸在
报道不明飞行物体时使用的名字。但是成功并未从一开始就降临到他们头
上。他们的运气算是喜忧参半，甚至在迪斯尼乐园的展览会上，一个女人
因被击中头部而向他们索取赔偿。两位合伙人也因为弗朗肖尼被调到南达
科他州而于1952年分道扬镳。

　　莫里森则搬到洛杉矶继续项目的开发。他在那里开了一家公司，并发

明了一种新的飞盘，使用塑料材质因而质地更加柔软。他取名为"冥王星浅盘"。这一次的销量较之前好很多，在1957年的一次展览会之后，莫里森与Wham-O玩具公司的两位创始人——奥瑟·默林和理查·科尼尔签订合约，出售了该发明的使用权并合作生产飞盘。从那时候起，游戏飞盘的名字又回到了最初的"弗里斯比飞盘"（Frisbee）。这次他们取得了轰动性的胜利：在20年内，他们卖出了一亿多个飞盘。到1974年，莫里森也因其专利权所有者的身份而赚到人生首笔百万美元。

单板滑雪板

谢尔曼·波普尔（Sherman Popper）   生卒年不详

1963　美国工程师谢尔曼·波普尔发明了一种雪上冲浪板，供孩子们在雪地上玩耍

1969　迪米特里叶·米洛维奇用餐厅里的托盘在雪地上滑行，因而诞生了第一块P-tex滑雪板

1977　布尔顿按照波普尔的滑雪板模型，制作了带有新的固定装置的胶合木质滑雪板

　　1963年的一天，化学工程师谢尔曼·波普尔和孩子们在雪地上玩耍的时候，无意中发明了"雪上冲浪板"。他将两块滑雪板绑在一起，然后双脚踩在板上就能滑行了。他观察孩子们在雪地上玩着他的新发明，发觉孩子们侧身而立的姿势就像站在冲浪板上一样。他重新思索了一下，然后拿来一块板子，装上金属边和固定鞋子的装置，就这样开发出了一种新的玩具。这种滑雪板很受孩子和朋友们的喜爱。于是，波普尔在大家的鼓励下申请了发明专利，之后将其使用权出售给布伦维克并投入大量生产，在全国进行销售。

　　在这种新型游戏的诸多粉丝买家中，有一个叫迪米特里叶·米洛维奇的工程师，他和14岁出头的少年杰克·布尔顿·卡朋特分别为单板滑雪板带来了十分重要的创新。1969年，米洛维奇玩笑式地拿食堂的盘子在雪地上滑起雪来，这激发了他的灵感，随即研制了一种新的滑雪板模型并申请了发明专利，注册名为"Win-terstick"。米洛维奇则引进了一种新的材料P-tex，这种材料能够加强滑雪板的韧性。他所成立的公司初期效益

非常好，为推广滑雪板做出了贡献，并在《新闻周刊》《花花公子》以及Powder（一本漫画杂志）杂志上都刊登了相关报道。

年轻的布尔顿针对波普尔的滑板模型进行了一系列的改良，提高了滑板的安全性能，这帮助他赢得了很多场滑雪比赛，他也因此迁到维尔蒙特投身于职业滑雪运动。在他所有的重要改良中，最值得一提的是在1977年发明了胶合木质的板身和橡胶材质的固定装置。从那时开始，单板滑雪板成为冬季运动的主角，大受全世界年轻人的喜爱。

地铁

阿尔弗雷德·艾利·比奇 (Alfred Ely Beach)　　　　　1826—1896

1865　阿尔弗雷德·比奇发明了一种气动传送和运输的轨道交通系统，并申请专利。

1867　他研制出露天地铁的原型，并对公众展示。

1870　他暗中打造一条地铁线路，却因为政治原因未能完成计划。

　　著名的《科学美国人》杂志主编阿尔弗雷德·比奇发明了世界上第一列地铁。他将气动控制机制沿用到乘客运输系统中——让圆柱形车厢从隧道里通过，形成的气压差令其能在短时间内到达目的地。

　　在伦敦已经曾出现过蒸汽动力的地下火车，不过它带有净化废气的通风槽装置，其产生的煤烟废气严重污染环境，并且对人体有害。比奇想，如果可以利用两电极间的电压差就能解决这个棘手的问题。1867年，他在纽约举行了一次展示会。他制作了一个直径为1.8公尺的木制管道，一辆汽车在管道中借助风机的外力，从148街走到了158街。这一试验引起了人们极大的关注，成千上万的人都跃跃欲试。然而政府官员约翰·霍夫曼拒绝采纳他的设计，因为霍夫曼偏爱于建设高架公路。比奇假装在建造分拣邮件的启动系统，实际上他并没有放弃，一直在偷偷地实施这项发明。

　　事实证明，他的设计是可行的。1870年，比奇邀请高层去参加开幕典礼。他们来到一家店铺的地下，那里有一个装潢豪华的大厅，里面陈设着油画和锦缎窗帘，还有一口喷泉和一架钢琴。从一个帘洞里吹出一阵气流，推动着汽车的轮子沿着一条电缆前进，然后随着一声铃响——这是操作员将气泵转为真空的讯号——车厢就缓慢停止了。

　　但是高架公路还是战胜了他的地下轨道系统。后来，等到电力火车出现之后，1904年的纽约才有了首列电力地铁。此时，比奇几乎已经被人们遗忘了。直到1912年，工人们在挖掘一条新线路的时候，发现了1870年比奇建造的地下豪华大厅，钢琴和喷泉都还完好。于是，那个隧道便成为一个新的核心车站，站内还设有一块纪念牌匾以纪念那次神奇的试验。

电力火车

埃尔内斯特·维尔纳·冯·西门子 (Ernst Werner von Siemens)
1816—1892

1847　西门子创建了以自己名字命名的公司，主要经营电报设备。
1867　西门子提出了将电力转换为机械能的研究课题。
1879　他为贝尔力诺国际博览会建造了史上首列电力火车。

　　埃尔内斯特·维尔纳·冯·西门子在14个兄弟中排行老四。为了挣得足够的薪水来保障他进行科学研究，18岁时他加入了普鲁士的军队。在贝尔力诺军队待了三年之后，他决定投身于新兴的电报行业。1847年，他和朋友一起成立了一家公司——西门子&哈尔斯克电报公司，并于两年之后离开了部队。

　　他的公司建起了电报网络，第一批客户中就有普鲁士政府。几年之后，俄国政府也成为他们的客户。他们负责建立波罗的海和死海之间的网络。但是西门子的心中始终想着他最感兴趣的研究，并在1867年向贝尔力诺科学研究院提出了一项将电力转化为机械能的研究课题。这是一个很有意思的课题，因为在那个时候，还没有人知道电力到底能用来干什么。然而，西门子清楚地知道电力是一种用处颇大的能量，它能够代替蒸汽推动机器运作。

　　就这样，1879年，在贝尔力诺国际博览会上，他小规模地展示了史上第一列电力火车。调车员跨坐在电力引擎上以展示其安全性，车厢是由带轮子的板凳组成的，每次它能以7公里的时速载着30位乘客绕大厅游览。这次展示为他带来了巨大的成功，有大约86 000位客人都争相体验这种不

可思议的交通工具。称它不可思议，是因为其不用马匹也不用蒸汽，由看不见的燃料驱动。

　　一开始，电流直接通过中央铁路，系统运作时需要180伏特的高电压，从安全角度来讲并不合适。华特·雷歇尔于1889年解决了这个棘手的火车供电问题。华特是西门子的一名工程师，他改进了电力传送装置，用的是我们现在使用的"导电弓"。正因为雷歇尔的巨大贡献，才诞生了如今遍布全世界的地铁、高架铁路和工业火车。

卧铺车

乔治·莫蒂默·普尔曼（George Mortimer Pullman）　　　　　1831—1897

1864　乔治·莫蒂默·普尔曼设计了世界上第一个卧铺。
1865　普尔曼的卧铺车将林肯总统的遗体从华盛顿运到了斯普林菲尔德。
1872　卧铺车在欧洲首次运行。

　　乔治·莫蒂默·普尔曼出生在普罗克顿。从学校毕业之后，于1831年3月搬迁到芝加哥。他在很短的时间内就成为了具有影响力的人物，因为在父亲改良过的设计的基础上，他提出了一种可以减少城市的污泥和水洼的新设计，即加高建筑物和在其地下建造新地基。

　　普尔曼将他的积蓄全部投资在了一个需要冒很大风险的挑战里——建造一种高级车厢，其中配有避震器，以减少铁路颠簸带来的震动。车厢的内部空间进行改造后，设有走道和舒适的座椅，到了晚上可以变为床铺。这种可卧座椅后来又经历了一些改进，终于在1864年出现了第一辆真正的卧铺车。

　　尽管卧铺车的票价是普通车的5倍，这项改革仍然获得了很大的成功，直到一次特殊的事件彻底改变了它的历史。1865年，亚伯拉罕·林肯总统逝世，这为卧铺车打开了一扇意义非凡的大门。普尔曼准备了卧铺车，或者说是一节豪华车厢，将总统的遗体从华盛顿运送到斯普林菲尔德——林肯总统曾在那里开始辉煌的律师生涯，最终安葬于此。

　　世界上第一辆卧铺车幸运地得到了运送总统遗体的机会。对普尔曼来说，那次葬礼之行也为他带来了广告效应。此后，卧铺车开始大量投入生产。后来，他又推出了一种服务设施更加周全的卧铺车，车上设有餐厅和厕所。火车从此变成了一种旅游工具，对于那些富有的客人来说更是如此。

尽管卧铺车的票价很高，但这种豪华列车仍然传遍了整个欧洲。其在欧洲的传播得归功于乔治·纳杰尔·马克思，他是国际卧车公司东方快车的负责人。在美国的一次旅行中，他被普尔曼的卧铺车概念深深打动，而那时的普尔曼卧铺车里已经设有40多个卧铺。

旅行社

托马斯·库克（Thomas Cook）

1808 — 1892

1841　库克为禁酒协会组织了火车一日游。
1845　为完成任务而产生的创意最终成为了正式的工作内容。
1865　托马斯·库克和儿子一起在伦敦设立公司分部。

托马斯·库克是"禁酒协会"浸信会（又称浸礼会，基督教新教主要宗派之一）的年轻牧师。1841年，他坐在直达雷切斯特的火车上，想着如何才能让火车有助于他的事业。他刚下车，就立刻赶往公司去提出他的想法——举办一次出游活动。在那之后不久，拉夫堡的季度代表会议就将召开，因此库克建议公司租下一列火车，以合理的价格专门接送与会人员，往返要价一先令，这个价格包含午餐。

库克激动地来到铁路局秘书处，谈妥了租火车的事情，为整个活动做出了很大贡献，于是现代历史上第一次团体组织的旅游出现了。不久之后，热闹的节日开始了。1841年7月5日，570名与会者伴着节日的交响曲踏上了火车之旅。这次旅行组织得非常成功。在很短的时间内，这个简单的倡议之举转变成为可以盈利的工作，库克为此倾尽了自己的全部家当。

在最初的几年，他们的生意是赔本的，最后不得不以破产宣告结束。然而，库客并没有就此放弃。他总结失败的经验教训后，认识到了组织的重要性。他开始学习管理复杂的项目，很快他就等到了预期的经济回报：1865年，他组织16.5万人去参加伦敦世博会。四年后他又举办了史上第一次远赴巴黎世博会的海外旅游。1865年，他和儿子一起在伦敦设立了分公司，并开始企划世界范围内的团体旅游。参加团体旅游的人需要提前支付费用，然后他们会得到相应饭店的优惠券，这在后来被美国运通公司称为"旅行支票"。世界上首个旅游机构就这样诞生了。

电话亭

威廉姆·格雷 (William Gray)

1850－1903

1888 格雷的妻子生病了，他出去寻找电话。

1889 美国康涅狄格州哈特福德市的银行里装上了第一部公共电话。

1891 格雷成立了格雷投币电话公司。

威廉姆·格雷在位于康涅狄格州哈特福德市的惠普公司工作，负责机床生产。1888年，妻子病得很严重，他必须叫一位医生来。但当时城市里有电话的人不多，他不知道该怎么办，就跑到附近的一家工厂，请求让他使用一下那里的电话，但是管理员说什么也不肯让他用，因为这不是公用电话。最后经不住他再三恳求，管理员终于同意让他打电话叫医生来，幸好医生及时赶到家里，妻子才得救。

经过这件事后，格雷觉得很有必要发明一种可以供所有人使用的电话。尽管人们自己没有电话，但当他们因为某些原因置身困境时，就能用上电话。他希望上次那样的事情再也不要发生在任何人身上。

他最初的想法是在一个窗口安装一部电话，将其麦克风封上，必须塞入硬币才能打开麦克风进行通话。但是电话公司的技术人员给格雷的答复却带着些许怀疑：一旦塞进一枚硬币将麦克风打开之后，就可以无限通话了。因此还需要设置一个系统，限制一枚硬币只能打一通电话。

1888年4月5日，威廉姆·格雷申请了投币电话专利，投入的硬币会闭合连接转接员（转接客户所要拨打的号码）的电路。1889年，在哈特福德市的银行里安装了世界上第一部公用投币电话。1891年，格雷成立了格雷投币电话公司。

从最初的模型开始，经过精心装饰与点缀，公用电话亭已经成为城市的一道美丽风景，比如英国由吉列斯·其贝尔特·斯科特设计的著名红色电话亭。现在，随着手机的普及，公用电话亭的数量已经骤减，不过，它仍是人们在手机欠费或者电池没电时的一根救命稻草。

日报

盖乌斯·尤利乌斯·恺撒（Gaius Julius Caesar） 公元前101－前44年

公元前59年 应恺撒的要求，《每日学报》被张贴在中心广场上。

1702 在伦敦首次出现了日刊《每日新闻报》。

1835 法国成立了首家报社。

不管是出于兴趣还是工作需要，阅读报纸早在古罗马时期就已经有案可循了。古罗马帝国的日报叫做《每日学报》，它被张贴在中心广场或者公共建筑物里，内容包括每日重大事件和摘要：司法新闻、帝国法令、议会决定、私人出生、嫁娶和死亡信息等。根据苏埃托尼乌斯的记载，这个想法是恺撒大帝在共和国时期的公元前59年提出的。《每日学报》的张贴一直延续到公元324年国家首都迁至君士坦丁堡。现代日报的出现则是印刷术出现之后的事情。

从前人们的文盲率很高，最接近新闻形式的报道是在文艺复兴时期，商人们互换手写新闻，内容包括政治新闻、经济和军事信息，也有一些对经商很有用处的文化习惯和风俗介绍，相较日报而言其实更像是杂志。

日报起源于古罗马时期的《每日学报》，大家对此已无争议。但是现代日报到底是1702年出现在伦敦的《每日新闻报》，还是1650年7月出现在莱比锡的《莱比锡报》或是其他报纸，至今还未成定论。在发明电报之后，信息的传递就变得异常迅速，报纸几乎成为一种实时获得信息的手段。世界上第一个报社是法国的哈瓦斯，成立于1835年；紧接着美国1848年成立了美联社，英国1851年成立了路透社。19世纪30年代，美国的《便士报》（Penny Press）十分流行，它是针对平民大众的报纸，由报童们

在路边叫卖，每份只需一便士。这类报纸的始祖是《纽约太阳报》（New
York Sun），每份有4页，印刷成本低廉。报纸的副标题宣称它将照亮所有
人的生活，意在强调这是一份平民报纸。自那时起，普通人因为没有钱而
被信息世界排除在外的时代彻底结束了，真正的大众传播媒体诞生了。

时装秀

查尔斯·弗雷德里克·沃斯 (Charles Frederick Worth)　　　1825－1895

1845　刚二十出头的查尔斯·沃斯搬到巴黎生活。

1853　沃斯为拿破仑三世的未婚妻尤金尼亚·德·蒙蒂霍伯爵夫人设计了婚礼礼服。

1858　他成立了沃斯&布贝格时尚之家，同时时装秀也诞生了。

　　查尔斯·弗雷德里克·沃斯于1825年出生在英国的伯尔尼。12岁时他就开始在伦敦的一些奢侈品商店里当售货员，1845年迁居法国巴黎。他在加吉林纺织品公司担任销售工作，这家公司因其时尚的配饰而闻名。他认识了店里的漂亮店员玛丽·弗内，她作为模特向贵妇们展示新上市的豪华披肩。几个月后，玛丽成为沃斯的妻子。正是因为她，沃斯成立了自己的设计工作室，设计服装并由加吉林包装出售。

　　1858年，沃斯在全巴黎已经很有名了，他和原籍瑞典的奥托·布贝格一起开了沃斯&布贝格时尚之家。对于像他一样的设计者来说，那个时期正是奢侈品蓬勃发展的春天。六年前拿破仑三世恢复了君主制度，一切场合都很讲究排场，于是法国回到了革命之前的状态。1853年，沃斯所在的加吉林公司奉命准备国王与尤金尼亚·德·蒙蒂霍伯爵夫人的婚礼服装，这无疑加速了他事业的发展。

　　事业一开始进行得并不顺利，但是在妻子（也是史上首位时装模特）的帮助下，沃斯赢得了一些重要的大客户。他的客人之一波林·德·梅德尼奇公主推荐他觐见皇后，并被任命为宫廷裁缝师。

　　尽管他是因为美妙的设计、布料的奢华、做工的精致和刺绣而闻名于巴黎，但真正让他成为首席时装大师和高级时装之父的，其实是他改变了时装界的一个习惯。与当时其他裁缝不同，沃斯并不会去夫人们的家里为她们量尺寸、获得订单。 他是一个艺术家，设计自己的服装并制作成衣，然后利用发布会，让模特们穿在身上展示出来。沃斯发明了改变时装界的时装秀。

牙刷

威廉姆·阿迪斯（William Addis）　　　　　　　　　　生卒年不详
H.N.华兹沃斯（H·N·Wadsworth）　　　　　　　　生卒年不详

14世纪　在中国开始流行最早的天然毛牙刷。

1780　威廉姆·阿迪斯是欧洲最早的牙刷制造商。

1857　H.N.华兹沃斯在美国申请了牙刷模型专利。

1937　尼龙材料诞生，随后出现了现代牙刷。

　　每年马萨诸塞州科技研究院都会调查一些美国公民，列出最有用的发明排行表。2003年，有超过三分之一的受访者在生活必需品中都提到了牙刷，它排在笔记本电脑、汽车和手机的前面。

　　使用牙刷来清洁牙齿有着古老的历史。在14世纪的中国，人们用来自西伯利亚的天然野猪鬃毛来清洁牙齿。

　　大概在17世纪末和18世纪初，在欧洲最早将牙刷作为个人卫生工具使用的是法国人。然而，最早的牙刷生产商是来自英国的威廉姆·阿迪斯。他生产的牙刷和现代牙刷很像：其手柄取自牛骨头，刷毛也是天然的，通过一些小孔和细线将刷毛固定在手柄上。阿迪斯和他的孩子们从1780年开始就生产一系列牙刷。

　　第一个申请牙刷专利的是美国人。1857年，H.N.华兹沃斯获得了发明专利。1885年，佛罗伦萨制造公司开始在美国大规模地生产牙刷。

　　牙刷发展史上的转折点姗姗来迟。1937年，在美国内穆尔，杜邦实验室的化学家兼负责人瓦拉斯·胡莫·卡罗瑟斯发明了尼龙材料。在尼龙的诸多用途中，也包括了代替天然刷毛，成为更安全卫生的牙刷刷毛材料。

1938年，"韦斯特博士的神奇牙刷"就占领了美国整个市场。

尽管牙刷发展得很好，但是以前并没有很多人每天使用牙刷。每天刷牙这个习惯的普及得从前线士兵说起。二战后，退伍军人在军队里养成了每天刷牙的习惯，积极推动了社会对于这种健康习惯的肯定。

止 汗体香剂

海伦·巴尼特·迪赛伦斯 (Helen Barnett Diserens)　　　　1919—2008

1888　费城一位匿名发明家推出了世界上第一支止汗体香剂。

1931　MUM公司被布里斯托尔-迈尔斯收购。

1952　海伦·巴尼特·迪赛伦斯发明了滚珠式止汗体香剂。

　　驱除难闻的体味是很多民族的共同目标，比如古埃及人、希腊人、罗马人……人们一直在寻找解决方法。

　　现代止汗体香剂于1888年诞生于费城，由一位匿名发明家发明，他在将商业使用权授予自己的保姆之后，又将它转让给了MUM公司。产品最初的基础原料是锌，但很快就因为会引起皮肤的不适症状而被明矾取代。当时的体香剂都是灌装的膏体，需要人们用手涂抹。1931年，MUM公司被当时个人卫生行业里最大的公司之一——布里斯托尔-迈尔斯公司收购，该公司的产品在26个城市均有销售。尽管在1888年的原配方基础上进行了一些修改，MUM止汗体香剂依然很成功，到20世纪40年代末还被列在销售纪录中。

　　那时的止汗体香剂最大的缺陷是，必须要用手去涂抹才可以，因此手总会被弄脏。后来，一名年轻的女研究员解决了这个问题，她就是海伦·巴尼特·迪赛伦斯。1941年迪赛伦斯毕业于密歇根大学化学系，毕业后没几年就成为布里斯托尔-迈尔斯研究组组长，负责开发新型止汗体香剂。

　　在第二次世界大战结束之后，市面上出现了很多新产品。其中，圆珠笔正流行于美国市场，海伦也买了一支。一天，她由圆珠笔的原理想到了

一个将会改变整个体香剂市场的新创意。圆珠笔之所以能写出字，得益于笔尖的一个小球，它不停地从笔芯里蘸墨水，然后转到外部就可以用来写字了。迪赛伦斯想如果这种方法适用于墨水的话，那也能够用于体香剂，只要将体香剂转变为液态就可以了。于是，她立刻带领研究团队投入工作。1952年，布里斯托尔-迈尔斯首次推出了他们的研究成果——液态的止汗体香液配合走珠设置，并获得了相当大的成功。这个新产品永久地改变了市场格局，从此成为最畅销的产品之一。

尼龙

瓦拉斯·胡莫·卡罗瑟斯 (Wallace Hume Carothers)　　1896—1937

1928　卡罗瑟斯进入杜邦实验室工作,专注于人工材料的研究。

1935　卡罗瑟斯发现了"聚酰胺66",这是尼龙最原始的名字。

1938　10月27日,在卡罗瑟斯自杀几个月后,杜邦公司公布了尼龙这一发现。

　　瓦拉斯·卡罗瑟斯于1896年出生于爱荷华,1924年获得伊利诺斯大学的博士学位。年纪轻轻的他就成为哈佛大学的教授,并在那里开始了聚酰胺类化合物的研究。1928年,他进入杜邦公司工作,该公司当时正在筹备一个研究人工材料的实验室。卡罗瑟斯完成的研究十分具有科学价值,即使在今天,它们仍然是大分子学科的基础。

　　那时已经出现了一些复合纤维,但质量并不好,都是由一些纤维素衍生物和再生蛋白质混合而成的。卡罗瑟斯找到了合成一种复合纤维的方法,纤维的化学结构与组成丝绸和羊毛的蛋白质类似。1935年,经过漫长的研究和不计其数的实验之后,他终于合成了一种成线状的物质,其纤维组织和天然蛋白质很相似。这种新型的复合纤维被称为"聚酰胺66"。这是一种与众不同的材料,它同时具备丝绸的柔软性和不锈钢的韧性。

　　然而,科学和事业上的成功并未给卡罗瑟斯带来足够的幸福感,他被超负荷的工作量和不如意的感情生活深深困扰着。1937年4月29日,在获得尼龙发明专利的两个月后,他自杀了。很快,这种新型材料以一个非正式的名字流传开来——尼龙,这是由卡罗瑟斯实验室的研究小组想出来的,他们取了各自妻子名字的首字母:南茜(Nancy)、伊冯娜(Yvonne)、罗内拉(Lonella)、奥利维亚(Olivia)和妮娜(Nina),拼出来就是"尼龙"(Nylon)。

1938年，杜邦公司公布了尼龙这一发现，称之为"一种从碳、空气和水中制作出的纤维"，并于1939年在纽约世博会上展出。不久之后，店铺里就推出了一种女性尼龙袜，不仅薄而透，还耐拉伸。尼龙热潮为美国的经济复苏做出了重大贡献。

随着第二次世界大战的到来，尼龙材质的产品渐渐从商店里消失了，因为所有的尼龙产品都被征作军用。战争结束后，尼龙袜的回归也是和平新生活到来的标志之一。

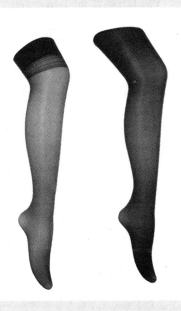

不锈钢

亨利·贝塞麦 (Henry Bessemer)   1813—1898

1851　美国发明家威廉姆·凯利发明了一种炼钢术，但没有申请专利。
1856　亨利·贝塞麦公布一种不用混合软铁的炼钢流程，并申请专利。
1877　贝塞麦被皇家会社聘用。

　　1856年8月16日，英国《泰晤士报》刊登了科学家亨利·贝塞麦关于炼钢流程的报告，这只比切尔滕纳姆的大不列颠科协会登出报告早了两天。在经历了铜和铁的年代后，现代无疑是钢材的时代。

　　钢材和金属的加工是贝塞麦的家族传统。贝塞麦的父亲是一位专攻金属改造的科学家，亨利就在父亲的铸造厂里长大，那里主要生产一些用于印刷的字版。

　　那时，由于缺乏碳，钢的产量停滞不前。钢是一种战略金属，因其生产成本极高因此仅限于小量生产。为了炼出钢材，需要将生铁和软铁熔合在一起，还要从瑞典进口含碳量极低的软铁。

　　贝塞麦确信能够从某种铁中炼出钢材。在实验中，他观察其他金属比如铜的变化，他还观察玻璃甚至糖的反应，最后发现需要在炼钢过程中剔除多余的碳。他在有氧高温的情况下加热铸铁，发现碳烧完之后就剩下纯钢了。

　　这是一个革命性的发现，以这种方法炼钢的话就再也不用依靠瑞典的软铁矿山了。那时最大的难题是如何建造合适的炉子来熔铁？经过多次试验之后，他建造了一个梨形的炼钢炉，开口是圆形的，在高处内部砌上耐火砖。炉子能够转动，在深处开一些小孔，允许热空气在压力的作用下进

入。这样能将碳燃烧掉，燃烧释放的热量还能够将加工过程中产生的钢保
持在液体状态，整个过程大约持续15分钟。1855年，诞生了第一代贝塞麦
转炉炼钢法。

贝塞麦为自己设计的炼钢流程申请专利，并继续专注于自己的发明，
他一生中获得了120余项发明专利。

扳手

约翰·皮特·约翰逊 (Johan Petter Johansson)　　　　　　1853—1943

1886　约翰·皮特·约翰逊在恩舍平开了一家五金商店。
1888　他发明了开口扳手。
1892　他发明了活动扳手。

　　约翰·皮特·约翰逊出生于瓦加尔德，这是瑞典南部的一个小城市，他在六个兄弟中排行老大。服完兵役后，他在柏林德-蒙克德尔拖拉机厂（现在是富豪汽车公司的一部分）工作。接着，他又到一家五金店去当铁匠学徒。1886年，他搬到了恩雪平（Enköping，瑞典最富有的地区之一），在那里开了一家五金店，名为"恩雪平工程机械"。很快，他凭着自己的聪明和努力完成了很多不同的机械工作，成为当地最著名的机械师之一。

　　当时机械行业还处于起步阶段，从螺栓、螺母再到加工的工具，所有工具都没有统一的标准。那时还没有今天这样完善的系统，12个螺母要用12把相配的扳手来拧转。

　　这就意味着机械师的工具箱里需要备有大量工具，就怕要用时缺少相应的工具。约翰逊受够了这种情况，于是决定制造一种像人手一样，能够适用于任何螺栓和螺母的工具。

　　1888年，他制作出第一个扳手模型，即直到今天还被水利工人们使用的开口扳手。这把扳手有一个螺丝，能够调节开口的张度。这种扳手对水利工作来说再好不过了，但还不能用在机械领域，因为它的构造会轻易破坏螺栓和螺母的头部，尤其是当它们已经生锈或者剥离的时候。1892年，约翰逊改进了之前的设计，制造出活动扳手。就像之前的开口扳手一样，它有一个螺丝钉来控制开口大小，但能够完成更加精准的校正。

　　约翰逊意识到自己更擅长的是发明而不是销售，于是决定与B.A.Hjorth公司达成协议，授权该公司将他的扳手产品以Bahco的品牌销售出去。他的发明立刻获得了国际认可，B.A.Hjorth随后也改名为Bahco。直到今天，他们所生产的扳手仍是世界上高质量机械产品的主要代表之一。

六角扳手

埃吉迪奥·布鲁格拉 (Egidio Brugola)　　　　　　　　　1901－1958

1926　埃吉迪奥·布鲁格拉工厂成立，主要生产圆头和六角形的螺丝。

1945　在发明诞生20年之后，布鲁格拉才申请了六角扳手专利。

1993　吉安纳多尼的儿子申请了新型六角扳手的专利。

关于"六角螺钉"这一名词，在尼古拉·新加雷利的意大利语词典里解释为"头部为内六角形凹槽的螺丝钉。名取自其发明者，埃吉迪奥·布鲁格拉"。由此可见，在成为一个通用名词之前，"六角螺钉"一词原本是个姓氏。

埃吉迪奥·布鲁格拉于1901年出生在利索内。他25岁就建立了自己的工厂，想生产一种极轻便、简单且能用最小的力拧紧螺丝和固定机械零件的扳手。

他受20世纪初一些产品的启发，制作出一种内六角螺丝，可以由单薄的扳手轻松操作，不像用螺丝刀松动开槽螺丝钉和十字螺钉时那么容易造成损坏。布鲁格拉先生的发明自诞生时起就具有革命性。除降低了损伤和提高可操作性之外，六角螺钉还有极大的美学价值——这种新型产品使固定好的螺丝头可以完全隐藏起来。1927年，六角螺钉开始投入生产。

尽管他没有注册意大利商标，埃吉迪奥·布鲁格拉的发明还是立刻传遍了全世界。1936年，德国的英布斯申请了类似产品的专利，并生产了同名的螺丝和扳手。美国哈特福德市的艾伦也于1943年申请了类似专利。

第二次世界大战期间，布鲁格拉的工厂不得不转而生产一些战需品。到了战争结束后，他抓住了机遇。1945年，他为自己发明的螺丝独特的应用方式申请了专利，这是应用电机领域的一场革命。就此，开始了一个已经持续了80多年的与激情和革新有关的创业故事。

　　布鲁格拉先生很有先见之明，他陪伴公司稳步发展了十几年。直到现在，他的公司还是很多汽车制造商不可替代的合作伙伴。不论是豪华汽车还是普通汽车，蕴含着他聪明才智的优秀产品一直在为各类人群服务着。

炸药

阿尔弗雷德·诺贝尔（Alfred Nobel）   1833—1896

1833　阿尔弗雷德·诺贝尔出生于斯德哥尔摩。

1847　奥斯卡尼奥·索布雷罗发现了硝化甘油。

1867　诺贝尔固化了硝化甘油，用它制成了一种混合物——炸药。

　　1847年，一位意大利医生奥斯卡尼奥·索布雷罗误打误撞地发现了一种极不稳定且破坏性极强的爆炸物——硝化甘油。索布雷罗在含有甘油的试管里滴入了两滴硝化棉，立刻就引起了小型爆炸。

　　那时阿尔弗雷德·诺贝尔才14岁。他出生于斯德哥尔摩，后随家人迁居到俄罗斯。他的父亲以马内利曾经是一名工程建筑师，他在圣彼得堡开了一家机械工作室，并幸运地成为沙皇军队的供货商。在克里米亚战争结束后，他回到瑞典，和儿子阿尔弗雷德以及埃米尔一起开了一家新的工作室，开始研究硝化甘油的用途。阿尔弗雷德被父亲送到巴黎，他在那里结识了索布雷罗。索布雷罗向他展示了他的发现：他将一滴硝化甘油滴在一个物体表面上，然后用一把锤子去击打，然后锤子被爆炸的威力弹到空中。

　　1864年，埃米尔因试验中的大爆炸而死亡。父亲久久不能从悲痛中恢复，没多久就患中风离世了。于是只剩下诺贝尔孤身一人，但他仍坚持进行实验研究。在那起事件之后，政府开始禁止在城里继续进行类似试验。因此，他将实验室搬离了斯德哥尔摩。他还在不断地寻找一种能够将爆炸物与惰性物质混合在一起的方法。

　　1866年，他在偶然间有了新发现。因为容器破裂，少量硝化甘油滴在

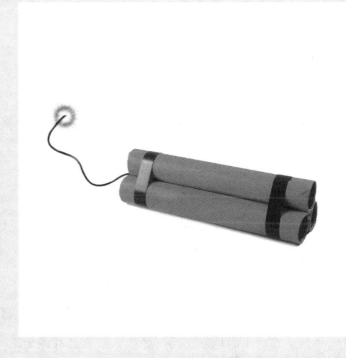

诺贝尔用作包装材料的多孔土壤上。诺贝尔进一步发现，它们的混合物完全可以作为标本安全保存。不过一旦引爆，它的爆炸威力就和纯硝化甘油一样大。就这样，炸药诞生了。

　　1867年，诺贝尔同时申请了炸药和引爆雷管的发明专利，他也因此声名鹊起。但是成功的到来并没有令他停止科学探索的脚步，他的研究也涉及爆炸以外的很多领域，他一生共获得了300多项发明专利。为了表示感谢，他送给索布雷罗一笔退休养老金。阿尔弗雷德·诺贝尔于1896年逝世。他用自己的遗产创建了著名的同名奖项——诺贝尔奖。

左轮手枪

塞缪尔 · 柯尔特（Samuel Colt）　　　　　　　　　　　　　　1814—1862

1832　塞缪尔 · 柯尔特开始制作他的第一个自动手枪模型——帕特森，但未能成功。

1836　2月25日柯尔特申请了转轮手枪的专利。

1843　5月16日，得克萨斯海军与墨西哥海军在坎佩切交战，柯尔特发明的武器第一次投入使用。

　　塞缪尔 · 柯尔特于1814年出生于康涅狄格州的首府哈特福德市。就像很多男孩子一样，他从小就对机械构造感兴趣，经常拿父亲的手枪来玩，卸了装，装好了再拆。他具有冒险精神，15岁就成为水手，准备环游世界。在一次航行中，他对船只的动力系统产生了兴趣。这种动力系统由两个轮子和一些刀片组成，柯尔特开始思考如何才能将这种装置应用于武器。在船上时他就已经开始投入研究，并做出第一只手枪模型。它带有一个气缸，上面有五个弹镗，可以在气缸后面放置射击用的火药和子弹。枪的机头击打铜壳，点燃引药然后将子弹射出。

　　1832年，柯尔特展示了他设计的手枪，但是结果却令人失望，因为它无法正常运作。于是他筹集了资金进行新的模型创作，继续改进之前的发明。1836年，他终于获得了发明专利，并开了一家以自己名字命名的公司。

　　柯尔特希望他发明的手枪能够为军队所用。尽管他在华盛顿做了一切努力，甚至与总统杰克森见面，但仍无法达成心愿。不过他没有就此放弃，而是决定改变策略。他开始让阵地上参战的将士们直接试用他的手枪。他向威廉姆 · S.哈尔德雷上校推荐自己的手枪，并亲身奔赴在对印度和墨西哥的战场上。在这场战争中他们死伤了很多人，重装火枪的延误造成了其中大量伤亡。于是，哈德雷购买了50支手枪，这批手枪于1843年5月16日首次用于得克萨斯海军对墨西哥海军的坎佩切之战中。

　　柯尔特因此成为美国最富有的人之一，他所生产的武器在征服西部的战争中发挥了关键作用。柯尔特手枪对意大利的复兴也做出了贡献。塞缪尔·柯尔特曾经赠送给朱塞佩·卡里巴尔迪94支左轮手枪和6支前炮式鼓轮步枪。上校朱塞佩·米索里正是用那些手枪中的一支，在米拉佐战役中险救英雄卡里巴尔迪，后来卡里巴尔迪的军队最终打败了波旁军队。

指纹

胡安 · 布塞蒂奇（Juan Vucetich） 　　　　　　　　　　　　　　　　1858 – 1925

1882　胡安 · 布塞蒂奇进入阿根廷警局，成为一名警务人员。

1892　他第一次用指纹识别法破获了一起刑事案件。

1904　他将自己的理论和方法都写在《指纹图谱比较》（Dactiloscopía comparada）这本书里。

　　1892年6月29日，在布宜诺斯艾利斯附近一个小城内科切阿里，一名叫弗朗切斯卡 · 罗亚斯的27岁女子杀死了自己4岁和6岁的孩子。她为了迷惑警方，故意在喉咙处弄了轻微的割伤，说是邻居佩德罗 · 拉蒙 · 贝拉斯克斯入侵所为。于是，邻居小伙子马上就被列为一级嫌疑犯。但是其犯罪动机却说服不了探员胡安 · 布塞蒂奇。

　　布塞蒂奇于1858年出生于达尔马齐亚的赫瓦尔。1882年服完兵役之后，他就搬到了阿根廷，在拉普拉塔警察局的鉴定与统计科当警员。

　　布塞蒂奇尝试着利用人体特征去鉴定罪犯。在数年之前，法国人阿尔丰 · 贝尔迪龙曾经发现人体的有些部分在一生中都不会改变，因此就可以通过量取人体某些部位的参数去识别不同个体。当时这种识别技术被认为是很可靠的，并为全世界警察所用。不过他决定改进这些技术。布塞蒂奇学习过英国人弗朗西斯 · 卡尔顿关于指纹的学说，而指纹早在9世纪的中国就被人们用来作为债务记录的证据。他确定指纹不会随着时间的流逝而改变，每个人的指纹都是独一无二的，因此它一定可以用来鉴别罪犯的身份。

　　于是布塞蒂奇找到调查罗亚斯一案的探员，询问犯罪现场是否留下了指纹。和探员所想正好相反，他们在孩子的身体上没有找到贝拉斯克

斯的指纹，反而找到了罗亚斯的指纹。因此，基于这项新的证据，罗亚斯被绳之于法。这是第一起在指纹的帮助下顺利破获的案件。

在成功破案之后，布塞蒂奇开始采集所有被捕犯人的指纹并进行分类和存档，之后开始周游世界，搜集研究中需要的各种资料。1904年，他发表了《指纹图谱比较》一书，并很快成为行业内的佼佼者。

钢琴

巴托罗密欧·克里斯多佛利 (Bartolomeo Cristofori)　　　　1655—1731

1688　费迪南·德·美第奇家族任命克里斯多佛利为宫廷大键琴师。
1698　克里斯多佛利开始研制新的乐器。
1777　安德瑞·斯坦将钢琴介绍给莫扎特。

　　巴托罗密欧·克里斯多佛利生于帕多瓦，他在克雷莫纳尼可洛·阿玛迪的提琴制作室里当学徒。回到帕多瓦之后，他开了一家店铺，专门卖当时很流行的大键琴、古竖琴和一些键盘乐器。1688年，托斯卡纳的大公爵费迪南·德·美第奇上门拜访，他当时正在赶往威尼斯参加狂欢节的路上。费迪南被克里斯多佛利的才能吸引，于是邀请他前往佛罗伦萨工作，担任家族宫廷的大键琴师。

　　克里斯多佛利受丰厚待遇的诱惑，答应随他前往托斯卡纳。在托斯卡纳，他又发展了第二个爱好——机械和钟表。他于1698年开始研究新乐器。有些数据表示是在1700年（也有些数据源指出是在十多年之后），他完成了第一个模型。这件乐器表面上看起来很像大键琴，但内部有一个击槌；琴弦不再是被拨响的，而是被覆有表皮的击槌击响的，然后经由一个精心制作的机械系统触碰键盘发出声音。和其他键盘乐器相比，它改进了音量控制和机械系统，被称为"有强弱的羽管键琴"，演奏者能通过向键盘（通过击槌和琴弦）施力来控制每个音符弹奏出的音量。

　　一架出色的乐器就这样诞生了，它对古典音乐发展所做出的贡献不可估量。一开始，克里斯多佛利并不走运。他制作了很多种乐器，但始终都未流行起来。于是，他用一些贵重的材料制作了大键琴和古竖琴，以供费

迪南公爵收藏。公爵去世后，他开始为科西莫三世服务。

他的发明传到了德国。机件建造师戈特弗里德·希尔贝曼于1726年做出了一个精准的仿制品，并交给约翰·塞巴斯蒂安·巴赫询问其意见，但当时的钢琴制造还不成熟。后来，希尔贝曼的学生安德瑞·斯坦在奥古斯塔开了一个工作室，于1777年向沃尔夫冈·阿马德乌斯·莫扎特展示了经他改进后的钢琴，莫扎特当场就爱上了这种古典乐器。从那时开始，钢琴就注定会演奏出一种完全不同的音乐。

鸣　谢
Acknowledgements

有很多人直接或间接地参与和帮助了本书的出版。如果没有他们，我就没有动力完成书稿，甚至可能不会开始这本书的创作。

首先我要感谢瓦莱利亚·拉伊蒙蒂·德·阿戈斯蒂尼（Valeria Rai mondi di De Agostini），他鼓励我继续进行研究工作，并完成这本书的创作；同时我要感谢这本书的所有编辑人员。

在此，将我特别的谢意致以安德烈·加尔比亚蒂（Andrea Galbiati），感谢他多年以来一直在我身边支持我进行专业研究，是他让我再一次投入到这个系列丛书的写作中。乔治·斯特拉瓜达尼奥（Giorgio Stracquadanio），是他的鼓励伴我度过了多重难关，并到达最终的彼岸。马里奥·达尔·可（Mario Dal Co），感谢他多次礼貌而儒雅地提醒我，要注意叙述中的要点和趣味性。戴维德·加卡罗内（Davide Giacalone），感谢他以其作品和阅读经验告诉我，如何简单而明了地讲述复杂的主题。安洁拉·法米廖里（Angela Familiari），感谢她列出的具体论据，当我投入激情进行创作时，这对帮助我理解如何将事实转变成观点具有至关重要的作用。

另外，我还想感谢我的母亲和父亲，感谢他们培养我对于知识的热爱；感谢我的妻子阿莱桑德拉（Alessandra），她一直鼓励并支持我的文化冒险；感谢我的两个女儿，她们是我写作的源动力，是我作为一位父亲的骄傲。

最后，我要将最诚挚的敬意致以阿妮塔·波塞利（Anita Boselli）、朱塞佩·博迪列里（Giuseppe Bottiglieri）以及玛德澳·索玛伊尼（Matteo Somaini），没有他们，也就没有这本书的问世，他们一直帮助我进行各种研究，他们的聪明才智和工作热情是协助我寻找必要数据和勾勒故事框架的关键。

书中所有的错误、信息偏差和疏漏之处，都应归咎于我个人的失误，欢迎读者批评指正。